Andreas Schmid
Dr. Axel F. Wenzel
Dr. Josef Kolman

Osteoporose

Andreas Schmid
Dr. Axel F. Wenzel
Dr. Josef Kolman

Osteoporose

Erkennen – Vorbeugen– Behandeln

MIDENA

Die medizinische Wissenschaft befindet sich in ständiger Entwicklung. Die Forschung an Universitäten, Kliniken und in der pharmazeutischen Industrie erbringt Tag für Tag Wissen, das in neue Behandlungsmethoden und Medikamente einfließt. Der vorliegende Ratgeber wurde mit größter Mühe und Sorgfalt geschrieben. Autoren, Redaktion und Verlag können aber dennoch keine Haftung für die Gültigkeit des Gesagten übernehmen. Der Leser ist in jedem Fall verpflichtet, die Beipackzettel der Medikamente genau zu lesen und alle Informationen über Dosierung, Nebenwirkungen und Gegenanzeigen zu berücksichtigen. Im Zweifelsfalle ist der Arzt oder Apotheker um Rat zu fragen, wie auch andere wichtige Entscheidungen zur Behandlung immer mit dem Arzt abzusprechen sind.

Die Deutsche Bibliothek – CIP-Einheitsaufnahme
Schmid, Andreas:
Osteoporose : erkennen – vorbeugen – behandeln /
Andreas Schmid ; Axel F. Wenzel ; Josef Kolman. –
Küttigen/Aarau :
Midena, 1996
ISBN 3-310-00188-1
NE: Wenzel,Axel F.:; Kolman, Josef:

Midena Verlag, CH-5024 Küttigen/Aarau

Konzeption und Produktion: Hampp-Verlag, Würzburg/
MediText Dr. Magda Antonic, Stuttgart
Zeichnungen: Winfried Bährle; Mario Esposito;
Dr. Michael und Christiane von Solodkoff
Fotos: Dr. Christian Kaplan (14)
Umschlaggestaltung: Parzhuber & Partner, München
Satz: Claudia Tiffinger, Aidlingen
Druck und Bindung: Ueberreuter, Korneuburg

Gedruckt auf umweltfreundlich chlorfrei gebleichtem Papier
Printed in Austria

ISBN 3-310-00188-1

Vorwort

Das vorliegende Buch beschäftigt sich mit einem Thema, das immer mehr Menschen in fortgeschrittenem Alter betrifft. Knochenschwund und Bruch der Knochen durch verminderte Knochenmasse wurden in der Vergangenheit häufig als Schicksal und Los des Alters hingenommen. Mit steigender Lebenserwartung rücken die altersbedingten Krankheiten aber immer mehr ins Blickfeld. Die Zahl der Betroffenen, die unter Osteoporose leiden, steigt unaufhörlich.

Müssen wir uns aber in ein Schicksal fügen, oder können wir etwas gegen den Schwund unserer Knochen tun? Ja, wir können weit im Vorfeld vorbeugen, aber auch später noch einiges tun, um der Krankheit zu begegnen. Damit wir besser wissen, wie wir uns verhalten können, müssen wir die Knochen, den Knochenaufbau, knochengerechte Ernährung und die Ursachen von Knochenschwund, von Osteoporose, genauer kennenlernen.

Dieses Buch hilft Ihnen, sich umfassend über Osteoporose zu informieren, und möchte Ihnen zeigen, was Sie selbst vorbeugend tun können.

Die Autoren

Inhalt

Wie sind unsere Knochen aufgebaut? **8**
Was leisten unsere Knochen? 10
Woraus besteht ein Knochen, und wie sieht er aus? 12
Welche Feinstruktur haben unsere Knochen? 16
Wie entsteht ein Knochen? 18
Wie funktioniert der Knochenstoffwechsel? 20
Wie „reparieren“ sich die Knochen selbst? 22

Wie entsteht meine Krankheit? **24**
Was ist Osteoporose? 26
Welche Osteoporoseformen gibt es? 28
Wie verläuft die Krankheit? 30
Was führt zu Osteoporose? 34
Wie wichtig sind Hormone? 36
Wer ist von Osteoporose betroffen? 38
Wer ist besonders gefährdet? 40
Was hat die Schilddrüse mit Knochenschwund zu tun? 42
Wie wirken Genußmittel? 44
Was passiert im kranken Rücken? 46
Wie erkenne ich Osteoporose? 48
Welche Tests zur Diagnose gibt es? 50
Wie gefährlich ist Osteoporose? 52

Wie wird meine Krankheit behandelt? **54**
Was tut der Arzt? 56
Wie wichtig sind Medikamente? 58
Was bewirkt Kalzium? 60
Wie wichtig ist Phosphor? 62
Was bringt Fluor? 64
Was bewirken Geschlechtshormone? 66
Wie sieht eine Östrogenbehandlung aus? 68

Wie wirken Östrogene? 70
Wer sollte mit Östrogenen behandelt werden? 72
Welche weiteren Erkenntnisse bietet die Forschung? 74
Welche Medikamente gibt es noch? 76
Wie wichtig sind Vitamine? 78
Wie wichtig ist Kalzitonin? 80
Welche medikamentösen Alternativen sind bekannt? 82
Wie werden Osteoporose-Schmerzen behandelt? 84

Nutzen und Gefahren der Medikamente 86

Was kann ich selbst tun? 92
Wie kann ich der Osteoporose vorbeugen? 94
Wie sieht mein tägliches Bewegungsprogramm aus? 96
Tips für gymnastische Übungen 98
Haus- und Gartenarbeit – richtig gemacht 100
Wie kann ich Schmerzen lindern? 102
Was bringen Kneippkuren? 104
Wie kann ich Überbelastung im Alltag vermeiden? 106
Wie wichtig ist Ernährung? 110
Welche Genußmittel sind erlaubt? 112
Wie kann eine ausgewogene Ernährung aussehen? 114
Welche Rezepte stärken die Knochen? 116

Anhang 118
Was bedeutet was? 120
Wo finde ich weitere Hilfe? 124
Sachregister 126

Wie sind unsere Knochen aufgebaut?

Unsere Knochen spüren wir meist nur dann, wenn mit ihnen etwas nicht stimmt – wenn sie brechen oder sich entzünden. Sonst nehmen wir sie, anders als viele unserer übrigen Organe, gar nicht besonders wahr. Wenn der Knochen schmerzt, gilt das nicht für den gesamten Knochen, sondern nur für die Haut, die ihn umgibt und Schmerzsignale sendet.

Wie unsere Knochen aussehen, welche Aufgaben sie haben und wie der Auf- und Abbau vonstatten geht, wird im folgenden erläutert. Dadurch wird verständlich, was Knochenschwund, also Osteoporose, bedeutet.

Was leisten unsere Knochen?

Knochen sind die Stützelemente der Wirbeltiere, und so sind auch unsere Knochen das Gerüst des Körpers. Alle zusammen bilden das Skelett. Die einzelnen Knochen sind hart und, verbunden durch die Gelenke, als ganzes Knochengerüst doch flexibel. Zusammen mit Bändern, Sehnen und Muskeln sind sie der Bewegungsapparat des Menschen. Mehr als 200 Knochen sorgen in unserem Körper dafür, daß wir Halt bewahren können.

Welche Aufgabe haben Knochen?

Knochen schützen unsere inneren Organe und tragen die Last unseres Körpers. Sowohl das empfindliche Gehirn wie auch innere Organe sind von Knochen umgeben.

Knochen schützen unsere inneren Organe vor Verletzungen und tragen unglaubliche Lasten. Bei Sturz oder Unfall verhindern sie, daß Lunge, Leber oder Knochenmark unmittelbar in Mitleidenschaft gezogen werden. Das empfindliche Gehirn wird von einer Knochenschale ebenso wirkungsvoll geschützt wie das Herz von knöchernen Rippen. Für jedes Organ hat die Natur den individuell passenden Schutzmantel geschaffen. Darüber hinaus tragen Knochen die Last des Körpers und manchmal noch viel mehr, je nachdem, wie kräftig der Körper oder ein Körperteil bewegt wird. Springt ein Mensch in die Höhe, wirft er einen Stein oder hebt er schwere Lasten: Immer werden dabei einzelne Knochen im Fuß, im Arm oder im Rücken um ein vielfaches im Vergleich zum Stehen und Gehen belastet. Knochen sind, zusammen mit Muskeln, Fasern und Sehnen, die Schwerarbeiter im menschlichen Organismus – und das bereits bei ganz alltäglichen Bewegungen. Elektronische Meßmethoden mit einem telemetrischen Meßsender in einem künstlichen Hüftgelenk haben zu erstaunlichen Ergebnissen geführt. Bereits beim normalen Gehen entsteht ein Druck bis zum 3,2fachen des Körpergewichts, sehr schnelle Bewegungen belasten den Hüftkopf bis zum

4,5fachen. Operierte Gelenke gänzlich zu schonen ist daher fast unmöglich, denn schon im Liegen erhöhen bestimmte Bewegungen den Druck im Knochen wie beim normalen Gehen.

Warum sind Knochen Vorbilder?

Die Natur ist Vorbild, der Mensch ahmt sie nach. Das ist in vielen Bereichen unseres alltäglichen Lebens so. Auch beim Knochen verhält es sich nicht anders. Der Knochenaufbau und das Zusammenspiel der Knochen im menschlichen Körper zeigen uns, wie auf sparsamem Weg elastisch und enorm tragfähig gebaut werden kann. Architekten und Baumeister wissen dies zu nutzen, und das schon seit Jahrtausenden. In vielen Bauten und Formen zeigt sich Mutter Natur als wohlmeinende Ratgeberin. Schon die Säulen der alten Griechen sind im Prinzip nicht anders gebaut als die Röhrenknochen unserer Arme und Beine. Uralte, stabile Fachwerkhäuser und moderne, flexible Stahlbetonbaukonstruktionen nutzen Prinzipien, die der Knochen mit seinem filigranen Gerüstaufbau und das Skelett im Laufe der Entwicklungsgeschichte vervollkommnet haben. Der Eiffelturm in Paris oder Brückenkonstruktionen in den USA beruhen auf bautechnischen Grundlagen, die in unseren Knochen im Detail bereits perfektioniert sind.

Der Mensch ahmt die Struktur der Knochen und deren Aufbau nach. Er nutzt das Vorbild der Natur, um Häuser und Brücken, Maste und Stützen zu fertigen.

Was hat Kalzium mit Knochen zu tun?

Im menschlichen Körper ist Kalzium vor allem im Knochengewebe gelagert. Knochen sind sozusagen der Kalziumspeicher des Menschen. Etwa 1,5 % des Körpergewichts besteht aus Kalzium. Dieses Erdalkalimetall in den Knochen ist für die Blutgerinnung, die Nervenreizung sowie die Muskelkontraktion zuständig. Es ist an fast allen lebenswichtigen Vorgängen in den Zellen beteiligt, also ein lebenswichtiges Grundelement.

Knochen sind Speicherkammern für Kalzium, das lebenswichtige Steuerelement im menschlichen Körper.

Woraus besteht ein Knochen, und wie sieht er aus?

Gesunde Knochen bestehen zu etwa 70% aus anorganischen Verbindungen und zu 20% aus organischen Verbindungen. Erstaunlich ist, daß selbst ein Knochen als das trockenste Gewebe im menschlichen Körper noch zu rund 10% aus Wasser besteht, das an die chemischen Bestandteile des Knochens gebunden ist.

Vor allem Kollagene, Fasern und Kalksalze bauen den Knochen auf. Die Mischung aus elastischen Strängen und festem Füllmittel verleiht ihm seine einzigartigen Fähigkeiten.

Was sind anorganische Verbindungen?

99 % des gesamten Kalziumgehalts eines Menschen sind im Skelett eingelagert. Kalzium ist lebensnotwendig und muß immer in ausreichender Menge im Körper vorhanden sein.

Der anorganische Knochenanteil besteht hauptsächlich aus dem wichtigen Mineralstoff Kalzium, der in Verbindung mit Phosphor im Knochen vorkommt. 99% des gesamten Kalziumvorrats eines erwachsenen Menschen sind in den Knochen gespeichert.

Die Knochen enthalten übrigens insgesamt 1 bis 1,5 Kilogramm reines Kalzium. Im Blut kommt das wichtige Kalzium lediglich in sehr kleinen Mengen vor; jeder Liter Blutplasma enthält etwa $^1/_{10}$ Gramm Kalzium.

Verschiedene Hormone und Vitamine sorgen im gesunden Knochen dafür, daß der Kalziumgehalt immer stimmt. Voraussetzung ist natürlich, daß immer genügend Kalzium zugeführt wird. Ein erwachsener Mensch muß täglich rund 1000 Milligramm Kalzium zu sich nehmen, wenn er den Bedarf für die Knochenstabilisierung sowie für andere Stoffwechselvorgänge seines Körpers decken will.

Das meiste Kalzium liefern uns Milch und auch alle Milchprodukte.

Neben dem Kalzium sind im Skelett aber auch noch andere wichtige Stoffe eingelagert. Besonders wichtig für die Knochen sind Magnesium und Phosphor. 50% der Magnesiumvorräte unseres Organismus und 90% des Phosphats im Körper stecken im Knochengerüst. Rund 400 Milligramm Magnesium und etwa 1400 Milligramm Phosphat benötigt der erwachsene Mensch am Tag.

Phosphor, das im Knochen immer an Kalzium gebunden ist (z. B. Kalziumphosphat), nimmt der Mensch häufig in viel zu großen Mengen zu sich. Viele Lebensmittel enthalten nämlich zuviel Phosphor. Das wiederum kann dazu führen, daß sich das ideale Verhältnis zwischen Phosphor und Kalzium ungünstig verlagert und letztlich ein Kalziummangel entsteht.

Was sind organische Verbindungen?

Der organische Knochenanteil besteht zu 95% aus Eiweißfasern, den sogenannten Kollagenfibrillen. Überall kommen sie im Körper als Bestandteil des Stütz- und Bindegewebes vor. Für die Bildung dieser Fasern ist übrigens Vitamin C unentbehrlich. Die restlichen 5% des organischen Knochenanteils sind Zucker-Eiweiß-Verbindungen. Zusammen mit den Eiweißfasern bilden sie die sogenannte Kittmasse (Knochenmatrix), in die wiederum die Kalk-Phosphor-Verbindungen eingelagert sind (z. B. Kalziumphosphat). Die organischen Bestandteile verleihen dem Knochen vor allem Elastizität und Zugkraft.

Eiweißfasern sorgen dafür, daß der Knochen elastisch bleibt und über eine ausreichende Zugkraft verfügt.

Wie sehen unsere Knochen anatomisch aus?

Unsere Knochen sind nach einem ausgeklügelten System aufgebaut. Festigkeit und Elastizität werden so gewährleistet. Jedes Teil hat seine ganz bestimmte Funktion und trägt dazu bei, daß der Knochen seine vielseitigen Aufgaben optimal erfüllen kann. Der Aufbau der verschiedenen Knochen ist ein Paradebeispiel, wie die Natur mit sparsamen Mitteln ein optimales Konstruktionsprinzip geschaffen hat.

Knochen sind nach dem Prinzip der Leichtbauweise gebaut. Feste Hüllen und Gerüststruktur ergänzen sich zu einem flexiblen und stabilen Ganzen.

Wie ist ein Knochen aufgebaut?

Von außen nach innen gesehen besteht ein Knochen erstens aus der äußeren Hülle aus festem Knochengewebe, zweitens aus einem inneren dreidimensionalen Gerüst (Trabekel) aus zarten Knochenbälkchen mit einem Hohlraumsystem, in dem sich das Knochenmark und noch weitere Bestandteile befinden. Trabekel und Hohlraumsystem sehen wie ein knöcherner Schwamm aus. Deshalb nennt man diesen Innenteil des Knochens auch Spongiosa (lateinisch spongia = Schwamm).

Aufbau und Masse der Knochenbälkchen im Knocheninneren orientieren sich an den statischen Anforderungen. Sie sind so angeordnet, daß sie im gesunden Zustand den geforderten Zug- und Druckbelastungen gewachsen sind.

Die äußere Hülle und das filigrane Innere des Knochens sind typische Beispiele für die effektive Leichtbauweise von Mutter Natur. Der Vorteil der Leichtbauweise liegt auf der Hand. Nur etwa 20% des Materialbedarfs gegenüber einer Bautechnik in Vollbauweise werden gebraucht. Nachteil – in der Natur und Technik gleichermaßen: Brechen nur wenige Streben, vermindert sich die Festigkeit des Ganzen um ein vielfaches.

Wie verläuft das Knochenwachstum?

Knochen entwickeln sich grundsätzlich in drei Phasen; diese können besonders deutlich an den Wirbelkörpern beobachtet werden. Zuerst kommt die Knochenaufbauphase. Nach dieser Phase besteht dann der Knochen zu 30% aus Knochenmasse und zu 70% aus „Luftlöchern", das heißt aus Zwischenräumen, die mit Knochenmark und Gewebeflüssigkeit gefüllt sind. Zwischen dem 20. und 25. Lebensjahr folgt die Knochenerhaltungsphase. In dieser Zeit bestehen die Wirbelkörper ziemlich konstant zu 20% aus Knochensubstanz und zu 80% aus

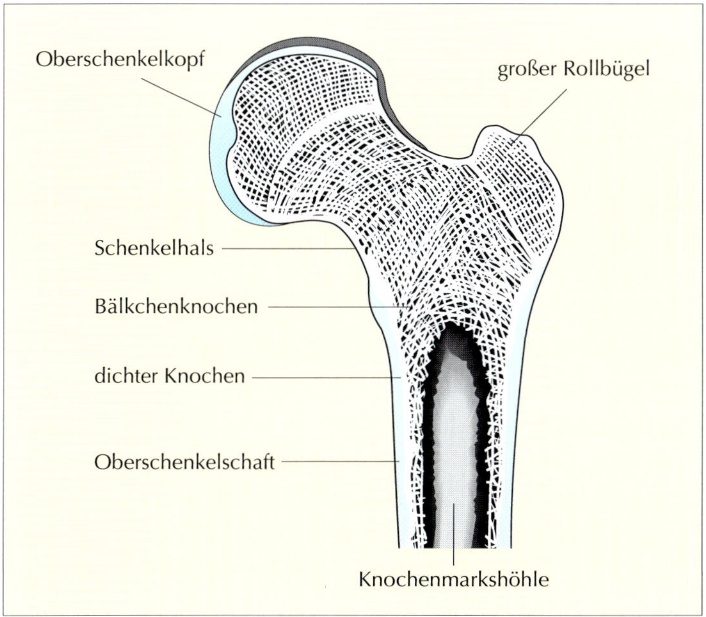

So sieht der Längsschnitt durch einen Oberschenkelknochen aus.

Hohlraum. Die Knochenverlustphase beginnt etwa ab dem 45. Lebensjahr. Dann verlieren die Wirbelkörper pro Jahr rund 1 % der Knochensubstanz – man spricht von der sogenannten Grundverlustrate. Dies kann bei weiterem Fortschreiten Knochenbrüche zur Folge haben, ohne daß von außen eine grobe Gewalt auf den Knochen eingewirkt hätte.

Bei einer solchen Spontanfraktur ist der Knochen so brüchig und schwach geworden, daß ihn bereits eine normale (!) Belastung zerbrechen läßt. Spontan können zum Beispiel beim Gehen die Knochen brechen. Technisch gesehen, ist die Bruchschwelle für einen Wirbelkörper aber erst dann erreicht, wenn der schwammartige Innenaufbau des Knochens weniger als 12 % der normalen Menge aufweist. Der Mineralgehalt, vor allem an Kalzium, ist dann auf 40 bis 60 % des Ausgangswertes zurückgegangen.

Knochen entwickeln sich grundsätzlich in drei Phasen. Ab dem 45. Lebensjahr geht regelmäßig Knochensubstanz verloren.

Welche Feinstruktur haben unsere Knochen?

Wenn wir mehr über das Innenleben des Knochens wissen wollen, müssen wir ihn genauer unter die Lupe nehmen – und das im wahrsten Sinne des Wortes. Ein Mikroskop öffnet uns die Tore zu einem faszinierenden Mikrokosmos und zeigt uns die leistungsfähigen und vielschichtigen Bestandteile unserer Knochen.

Was hat eine Sperrholzplatte mit unseren Knochen zu tun?

Die Knochenhaut umschließt den Knochen. Diese derbe Bindegewebshülle, auch Periost genannt, ist mehrschichtig und enthält eine Menge Gefäße und Nerven, die den Knochen mit lebenswichtiger Nahrung versorgen. Durch feine Knochenkanälchen gelangt sie in das Innere des Knochens. Unter der Knochenhaut kommt eine weitere

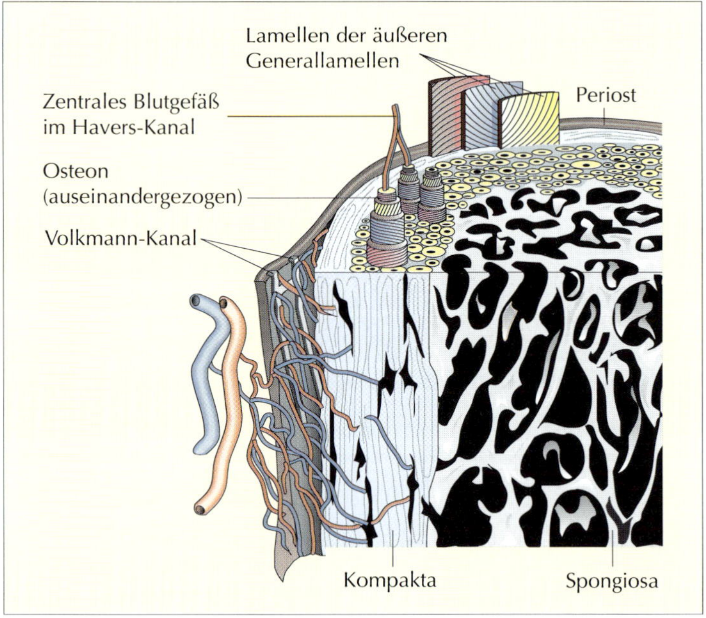

Der Knochen ist in mehreren Schichten aufgebaut. Jede einzelne Schicht ist wiederum nach einem komplizierten Bauplan so konstruiert, daß ein optimales tragfähiges und stabiles Gerüst entsteht.

mehrschichtige Hülle (Kompakta), die aus festgefügtem Knochen besteht. Dieser Teil des Knochens ist zusammengesetzt aus den äußeren Generallamellen, den Osteonen, sowie den inneren Generallamellen. Die Lamellen wiederum besitzen längs- und schräggerichtete Kollagen-Faserbündel, die sogenannten Fibrillen. In den Osteonen, die eine Art Röhre um die Gefäßnervenbündel bilden, sind die Fibrillen spiralig-ringförmig angeordnet. Übrigens: Die Osteone heißen nach ihrem Entdekker auch Haversches System. Der filigrane Aufbau der Knochenhülle gibt dem Knochen sowohl ausreichende Festigkeit als auch notwendige Elastizität. Man muß sich dieses Prinzip so ähnlich vorstellen wie bei einer mehrschichtigen Sperrholzplatte. Schichten unterschiedlich harter Substanzen verleihen der Gesamtkonstruktion eine ungeheure, aber immer flexible Festigkeit.

Unter der Knochenhaut und unter der mehrschichtigen Hülle befindet sich die sogenannte Spongiosa, ein System von kleinen Bälkchen. Sie ergeben das Bild eines knöchernen Schwammes. Der Hohlraum zwischen diesen Knochenbälkchen ist aber natürlich nicht leer oder mit Luft gefüllt wie bei einem Vogelknochen. Hier hat das Knochenmark, das Hauptorgan der Blutbildung im Erwachsenenalter, seinen Platz.

Wozu dient das Knochenmark?

Das Knochenmark sitzt in den Markhöhlen. Es ist zum einen für die Blutbildung im Körper zuständig und erfüllt zum anderen eine mechanisch stabilisierende Funktion. Und das aus folgendem Grund: Das Knochenmark stellt eine flüssig-gallertartige Substanz dar, die reichlich Wasser enthält. Neue Erkenntnisse lassen vermuten, daß die Kräfte, die auf einen Knochen einwirken, durch die Flüssig-Gel-Phase des Knochenmarks besser verteilt werden und die Elastizität des gesamten Knochens erhöhen.

Auch das Knochenmark dient der Stabilität des Knochens. Diese flüssig-gallertartige Substanz verteilt nämlich optimal die Kräfte, die auf einen Knochen einwirken können.

Wie entsteht ein Knochen?

Bei einem Kind sind die Knochen noch nicht in ihrer späteren Form ausgebildet. Statt dessen sind dort, wo später Knochengewebe Halt und Schutz gibt, die Knorpel. Mit der Zeit verdickt sich und wächst der Knochen, bis er sein maximales Volumen und seine maximale Ausdehnung erreicht hat. Bemerkenswert ist, daß die Bildung, aber auch die Erhaltung der Knochen durch ein kompliziertes System des Auf- und Abbaues von Knochengewebe reguliert wird. Bemerkenswert ist auch, daß fertiger Knochen – sofern er nicht im lebenden Organismus abgebaut wird – ein sehr langlebiges Produkt ist. Knochen überdauern Jahrmillionen.

Was sind Knochenzellen?

Es gibt Zellen, die Knochen aufbauen. Sie werden Osteoblasten genannt. Diese Osteoblasten werden durch unterschiedliche Vorgänge angeregt, die Knochensubstanz (Knochenmatrix) zu bilden.

Besonders im Bereich der schon beschriebenen Osteone erkennt man ringförmig angeordnete Knochenzellen, die sogenannten Osteozyten. Mit ihren feinen Ärmchen sind sie untereinander verbunden und bilden ein weitverzweigtes Netz. Wie entstehen nun diese Zellen?

Da gibt es zuerst einmal die Zellen, die Knochen aufbauen. Sie werden Osteoblasten genannt. Diese Osteoblasten werden durch bestimmte Stoffe des Organismus angeregt, die Knochensubstanz (Knochenmatrix) zu bilden. Dann gibt es noch die anregbaren knochenbildenden Vorläuferzellen. Sie werden zu „Reparatur-Osteoblasten" und können innerhalb weniger Stunden Knochengewebe außerhalb des eigentlichen Knochens herstellen. Das ist besonders wichtig bei der Heilung von Knochenbrüchen. Die erhöhte Aktivität dieser „Reparatur-Osteoblasten" kann jedoch auch zu einer überhöhten Knochenbildung am falschen Platz führen, zum Beispiel in der Muskulatur.

In der Wachstumszeit eines Menschen ist die innere Knochenoberfläche voll mit aktiven Osteoblasten. Beim

Erwachsenen verringert sich diese Fläche, abhängig vom Alter, auf 20 bis 25%. Osteoblasten arbeiten rasch: Nach nur drei bis vier Tagen haben sie sich – im wahrsten Sinne des Wortes – in ihr eigenes Haus eingemauert. Ab jetzt heißen sie Knochenzellen oder Osteozyten. Ihre neue Aufgabe besteht darin, das Kalzium-Gleichgewicht im Körper aufrechtzuerhalten. Die Osteozyten sind mit ihren Zellfortsätzen untereinander verbunden. Eine aus Hohlräumen, den Lakunen, und Kanälchen, den Kanalikula, gebildete Durchlöcherung des Knochens sichert einen raschen Mineralaustausch zwischen der Knochensubstanz (Knochenmatrix) und der Knochenflüssigkeit. Über die Knochenflüssigkeit schließlich besteht eine Verbindung zum Blut- und Lymphsystem.

Was sind Knochenfreßzellen?

Die Osteoklasten sind für den Abbau von Knochengewebe zuständig und sind die Gegenspieler der Osteoblasten. Sie schaffen Platz für frische Knochensubstanz. Unter dem Mikroskop sind die Osteoklasten als merkwürdige Riesenzellen, die in den Knochenbuchten (den Lakunen) wie in einer Schüssel liegen, leicht auszumachen. Sie entstehen aus genetisch vorbestimmten einkernigen, großen Zellen, die im Blut als eine besondere Sorte der weißen Blutzellen vorkommen und durch die Blutgefäßwände in das junge Knochengewebe eingewandert sind. Osteoklasten arbeiten im sogenannten sauren Bereich und schütten dazu Wasserstoffionen aus. Vereinfacht gesagt, lösen sie so das Kalzium aus dem Knochen – ähnlich wie wir Kesselstein im Wasserkessel entfernen: Wir nehmen eine Säure, zum Beispiel Essig, und lösen damit den kalziumhaltigen Kalk ab. Osteoblasten und Osteoklasten sind aber zunächst keine Feinde. Die Ausbildung von Knochenfreßzellen ist von der Anwesenheit der Knochenaufbauzellen abhängig.

Knochenfreßzellen, die Osteoklasten, sind die Gegenspieler der Osteoblasten. Sie lösen Knochen ab und schaffen damit Platz für neue Knochenmasse.

Wie funktioniert der Knochenstoffwechsel?

Verschiedene Mechanismen sind dafür zuständig, daß das Wachstum und die spätere Entwicklung des Knochens optimal gesteuert werden.

Kommt es in dem komplizierten System nur in wenigen Bereichen zu kleinsten Abweichungen, kann dies weitreichende Folgen haben.

Ziel eines kontrollierten Knochenstoffwechsels ist es unter anderem, ein Gleichgewicht zwischen der Arbeit der Knochenaufbau- und Knochenabbauzellen zu erreichen. Gelingt dies und treten keinerlei Störungen auf, bleibt der Knochen gesund.

Gelingt dies nicht, wird der Knochen langfristig geschädigt. Er wird nicht mehr ausreichend gestärkt und schwindet im wahrsten Sinne des Wortes. Die langfristige Folge ist dann eine erhöhte Brüchigkeit des Knochens, der nicht mehr stabil genug für die verschiedensten Belastungen ist.

Beeinflußt wird der Knochenstoffwechsel und damit auch der Kalziumhaushalt unseres Körpers durch verschiedene körpereigene Stoffe, vor allem Hormone (Botenstoffe).

Wie arbeiten die Knochenaufbauzellen?

Auch die Knochenaufbauzellen müssen von bestimmten Eiweißstoffen aus ihrer Ruhephase geweckt werden. Wichtig: Ohne Knochenaufbauzellen gibt es keine Knochenabbauzellen!

Osteoblasten sind die regulierenden Zellen am Knochen und entscheiden über seinen Auf- und Abbau.

Diese Knochenaufbauzellen werden aus ihrer Ruhephase durch ganz bestimmte Eiweißstoffe „geweckt", die sie für ihre Aufgabe „ausbilden" und zur Arbeit „anregen". Gleichzeiig wirken auch Vitamin-D-Abkömmlinge und bestimmte Hormone, wie das Wachstumshormon oder die Schilddrüsenhormone, auf die Knochenaufbauzellen ein.

Noch weitere Faktoren beeinflussen die Osteoblasten, die nach einem komplizierten Fahrplan gesteuert werden. So kann zum Beispiel die Entstehung einer sekundären Osteoporose auch durch eine Reihe von Krankheiten oder die langjährige Einnahme von Medikamenten ausgelöst oder maßgeblich beeinflußt werden.

Zu den Krankheiten, die dazu beitragen können, daß die Knochen nicht mehr in dem Maße aufgebaut werden, wie es notwendig ist, gehören chronische Magen- oder Darmerkrankungen und eine Überfunktion der Schilddrüse.

Die langjährige Einnahme von Kortison oder Antibiotika kann sich ebenfalls negativ auf den Knochenstoffwechsel auswirken und dazu beitragen, daß dieses filigrane System aus dem Gleichgewicht gerät.

Wer steuert die Knochenabbauzellen?

Aus eingewanderten, sogenannten einkernigen Riesenzellen, den Monozyten und Makrophagen, bilden sich unter dem Einfluß ganz bestimmter Eiweißstoffe mehrkernige Riesenzellen, die Knochenfreßzellen oder Osteoklasten. Sie müssen durch verschiedene Stoffe erst zur Aktivität erweckt und zum Knochenabbau „ermuntert“ werden.

Diese knochenauflösenden Zellen werden durch das Parathormon, das Hormon der Nebenschilddrüse, zur schnellen Arbeit angeregt. Dieses Hormon erhöht auch den Blutkalziumspiegel.

Das Parathormon, das von der Nebenschilddrüse produziert wird, regt die Knochenabbauzellen zu ihrer zerstörerischen Arbeit an.

Die Nebenschilddrüse besteht aus kleinen, gelblichen bis braunen Drüsen, die neben der Schilddrüse oder in ihrer unmittelbaren Nähe eingebettet sind. Gesteuert wird die Nebenschilddrüse wiederum von der Hirnanhangsdrüse, einer Hormondrüse, die an der Basis des Zwischenhirns hängt.

Wie „reparieren“ sich die Knochen selbst?

Die Selbstheilungskräfte der Natur sind faszinierend. Wenn Knochen absplittern oder brechen oder kleine Haarrisse in einem Teil eines Knochens entstehen, sind sofort die „Reparaturtrupps“ des menschlichen Körpers zur Stelle. Bei einem „Unglück“ werden sie umgehend aktiviert. Sie werden zum Ort des Geschehens gerufen und beheben in kürzester Zeit den Schaden.

Wann erfolgt Knochenumbau?

Form und Größe des Knochens werden dem jeweiligen Stand des Wachstums angepaßt. Ein ausgeklügeltes System sorgt für das richtige Gleichgewicht.

Der Knochen lebt! Während des Wachstums werden Form und Größe der Knochen dem jeweiligen Wachstumsstand des ganzen Körpers angepaßt. Man bezeichnet dies als Knochenmodellierung. Im Erwachsenenalter, also nach dem Ende der Wachstumsperiode, erfolgt der Knochenumbau nur noch zur Formerhaltung. Ein Knochenabbau wird normalerweise sofort durch entsprechenden Knochenanbau geflickt, also remodelliert.

Knochenaufbau- und Knochenabbauzellen leben dabei in kleinsten Einheiten zusammen, die eine Gruppe bilden. Gleichzeitig arbeiten sie mit- und gegeneinander, bauen den Knochen auf und wieder ab. Alte Knochensubstanz wird durch neue ersetzt. Jede dieser Zellgruppen bildet eine Einheit und arbeitet nur in einem eng begrenzten Feld.

Was ist eine Lakune?

Das Prinzip der Knochenreparatur ist einfach und genial: Die Osteoklasten fressen an der geschädigten Stelle Knochengewebe ab und bilden eine schüsselähnliche Delle, die sogenannte Lakune. Sofort nach der Lösung von Knochengewebe sind die Knochenaufbauzellen zur Stelle und füllen die Lakune wieder mit Knochensubstanz auf. Zwischen dem alten Knochen und dem neu angebauten Stück ist dann nur noch eine Art Zementlinie zu erkennen. Ständig laufen etwa 2–3 Millionen (!) solcher Reparaturprozesse in unserem Körper ab. Die Dauer eines Reparaturprozesses beträgt durchschnittlich etwa drei Monate. Sind die Reparaturmechanismen des Knochens und das System des An- und Abbaus von Knochengewebe gestört, kann es zur Entwicklung von Osteoporose kommen.

Mehr als zwei Millionen Knochenumbildungen laufen ständig im menschlichen Körper ab.

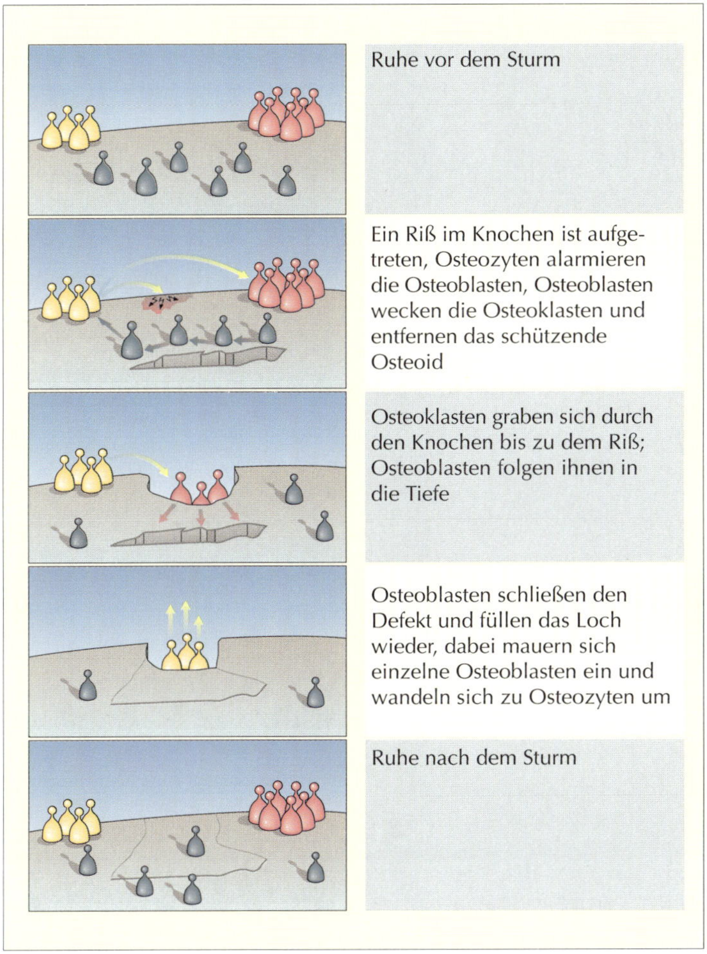

So kann man sich eine Knochenreparatur vorstellen.

Wie entsteht meine Krankheit?

Osteoporose (Knochenschwund) ist eine Krankheit, die in den letzten Jahren „in Mode" gekommen zu sein scheint. Aber immer noch wissen viele nur Oberflächliches darüber, kennen nicht die Ursachen, das Zusammenspiel der Risikofaktoren und den Krankheitsverlauf. Doch nur wer über dieses Wissen verfügt, kann sich schützen oder zumindest vorbeugende Maßnahmen treffen. Und Vorbeugung ist gerade bei einer Krankheit wie Osteoporose ganz besonders wichtig. Denn schon im Kindesalter werden durch falsche Ernährung und Verhaltensweisen Voraussetzungen für eine spätere Erkrankung geschaffen.

Was ist Osteoporose?

Osteoporose ist Knochenschwund. Die Knochensubstanz vermindert sich allmählich, und die Gefahr von Knochenbrüchigkeit steigt. Es handelt sich um einen echten Verlust an Knochenmasse! Das Verdünnen der inneren Knochenstruktur, der Knochenbälkchen, geht dabei über das normale Maß hinaus. Neben dem Schwund des inneren Knochens vermindert sich auch die Knochenaußenschicht, die Kompakta.

Wie wird gesunder Knochen erneuert?

Bislang gibt es noch keine Erkenntnisse darüber, ob auch die Knochenabbauzellen ihre „Gegenspieler", die Knochenaufbauzellen, beeinflussen.

Im gesunden Knochen gibt es ein Gleichgewicht zwischen den verschiedenen Zellen im Körper, die den Knochen ständig „erneuern", das heißt, auf- und abbauen. Die Arbeit der beiden dafür verantwortlichen Zelltypen (Osteoblasten und Osteoklasten) hängt dabei eng miteinander zusammen. Die Knochenaufbauzellen bilden sogenannte Koppelungssignalstoffe, die die Knochenabbauzellen zur Arbeit anregen. Umgekehrt – und das ist wichtig – gibt es bislang noch keine Hinweise darauf, daß Knochenabbauzellen direkt die Knochenaufbauzellen beeinflussen.

Wie gerät das System von Auf- und Abbau aus dem Gleichgewicht?

Das harmonische Zusammenspiel zwischen Knochenaufbau- und Knochenabbauzellen kann auf zwei unterschiedliche Arten gestört werden. Erstens kann die Aktivität der Knochenabbauzellen zunehmen, während die Aktivität der Knochenaufbauzellen nicht oder nur wenig zunimmt. Das trifft zum Beispiel auf die häufigste Osteoporoseform zu, unter der viele ältere Frauen leiden – die sogenannte postmenopausale Osteoporose (Osteoporose nach den Wechseljahren). Östrogenmangel führt dazu, daß sich überaktive Knochenabbauzellen bilden. Sie hei-

Trabekulöse Struktur eines Wirbelknochens beim Gesunden

Trabekulöse Struktur eines Wirbelknochens beim Osteoporose-Patienten

Während der gesunde Knochen (links) ein stabiles, gleichmäßig ausgefülltes inneres Gerüst aufweist, ist der kranke Knochen löchrig.

ßen Killer-Osteoklasten. Durch ihre zerstörerische Arbeit verliert der Knochen an Masse. Die normal aktiven Knochenaufbauzellen können die verlorene Knochensubstanz nicht mehr ausgleichen. Man spricht von einer negativen Knochenbilanz bei hohem Knochenumsatz (high turnover). Für Männer ist eine ausreichende Versorgung mit Hormonen kein größeres Problem. Bis ins hohe Alter verfügen sie über das Geschlechtshormon Testosteron.

Der zweite Faktor, der das ganze System aus dem Gleichgewicht bringen kann, ist eine verminderte Tätigkeit der Knochenaufbauzellen bei gleichbleibender Aktivität der Knochenabbauzellen. Dies führt auch zu einem erhöhten Knochensubstanzverlust. Hier spricht der Fachmann von Altersosteoporose, die auf einem zu niedrigen Knochenumsatz (low turnover) basiert. Das ist übrigens ein Grund dafür, daß im hohen Alter auch viele Männer von der Osteoporose nicht verschont bleiben!

Es gibt verschiedene Prozesse, die den Knochenauf- und -abbau aus dem Gleichgewicht bringen.

Welche Osteoporoseformen gibt es?

Knochenschwund ist nicht gleich Knochenschwund. Es gibt verschiedene Formen dieser Krankheit, die sich in der Entstehung zum Teil grundsätzlich unterscheiden. Zum einen kann sie ohne erkennbare Vorerkrankung auftreten. Dann wird sie primäre Osteoporose genannt. Oder sie ist Folge einer Krankheit – sekundäre Osteoporose.

Was sind primäre Osteoporosen?

Die primären Osteoporosen gelten als eigenständige Krankheit. Ihre Entstehung wird vermutlich durch das Zusammenspiel mehrerer Risikofaktoren begünstigt. Die primären Osteoporosen werden nochmals in drei Gruppen eingeteilt.

Zum einen gibt es die postmenopausale Osteoporose. Sie ist der wohl häufigste Typ dieser Krankheit und kommt bei Frauen nach dem ständigen Ausbleiben der Monatsblutung, also in und nach den Wechseljahren, vor. Typ zwei bezeichnet die sogenannte senile Osteoporose oder Altersosteoporose. Als dritte Gruppe gibt es die idiopathische Osteoporose, die ohne heute schon erkennbare Zusammenhänge auftritt.

Bei Osteoporose treten vor allem Rückenschmerzen als erste Warnzeichen auf. Damit ist aber natürlich noch nicht gesagt, daß – im Umkehrschluß – Rückenschmerzen immer gleichbedeutend mit Knochenschwund sind. Ganz im Gegenteil. Die folgende Tabelle verdeutlicht, daß Osteoporose nur eine der vielen Ursachen für Rükkenschmerzen ist.

Was sind sekundäre Osteoporosen?

Diese Osteoporosen sind nicht als eigenständige Krankheit zu betrachten, sondern treten als Folgeerkrankung auf. Sie stehen in Verbindung mit einer Störung des Kalzium-Phosphat-Stoffwechsels, der viele unterschiedliche Ursachen haben kann. Es kann sein, daß der Kranke zuwenig Kalzium aus der Nahrung aufgenommen hat oder daß hormonelle Störungen vorliegen.

Bei der sekundären Osteoporose kann es sein, daß die Knochen nur lokal begrenzt angegriffen werden.

Primäre Osteoporosen

- Idiopathische Osteoporose (Auftreten der Krankheit ohne erkennbare Zusammenhänge)
- Postmenopausale Osteoporose (Knochenschwund, der in und nach den Wechseljahren auftritt)
- Senile Osteoporose (Knochenschwund der im Alter auftritt)

Sekundäre Osteoporosen

- Endokrinologische Osteoporosen (Mangel an Sexual- oder Wachstumshormonen oder Hormonüberschuß als Ursache)
- Komplexe Knochenerkrankungen
  - Instestinale Ursachen (Darmerkrankungen)
  - Renale Osteopathien (Nierenerkrankungen)
- Bösartige Neubildungen
  - Bösartige Blutbildungskrankheiten
  - Bösartige Systemerkrankungen
  - Osteoklastische Knochenmetastasen
- Entzündungskrankheiten (entzündlicher Rheumatismus)
- Vererbte Bindegewebskrankheit
  - Kollagenosen (Bindegewebsentzündungen)
  - Osteogenesis imperfecta (Glasknochenkrankheit)
  - Knochenmarkserkrankung
- Sonstige
  - Immobilisation (Zustand nach Operation)
  - Schwerelosigkeit (Zustand im Weltraum)
  - Morbus Sudeck

Wie verläuft die Krankheit?

Eines wissen wir zum Thema Knochenschwund ziemlich genau: Der exakte Zeitpunkt, wann eine Osteoporose beginnt, läßt sich nicht vorhersagen. Damit jedoch brauchbare Anhaltspunkte für die Erkennung vorhanden sind, unterteilt der Experte die Krankheit in drei verschiedene Schweregrade.

Natürlich gibt es fließende Übergänge. Eine Einteilung kann also nur eine grobe Orientierung liefern und grundsätzliche Aussagen treffen. Das Schema bezieht sich dabei vor allem auf das äußere Erscheinungsbild des kranken Menschen sowie auf seine subjektiv beklagten Beschwerden.

Wann beginnt die Osteoporose?

Am Anfang klagt der Betroffene meist über gelegentliche Kreuzschmerzen, die sich vor allem unter Belastung verstärken. Wenn schwere Gegenstände gehoben werden oder ungewohnte Bewegungen gemacht werden müssen, treten Schmerzen auf.

Aber bis auf verspannte Rückenstreckermuskeln liegt ein normaler Untersuchungsbefund vor, der noch längst nicht auf Osteoporose schließen läßt. Vielleicht kann der Arzt im Röntgenbild der Wirbelsäule eine Kalksalzminderung gerade mal erahnen. Erst bei fortschreitender

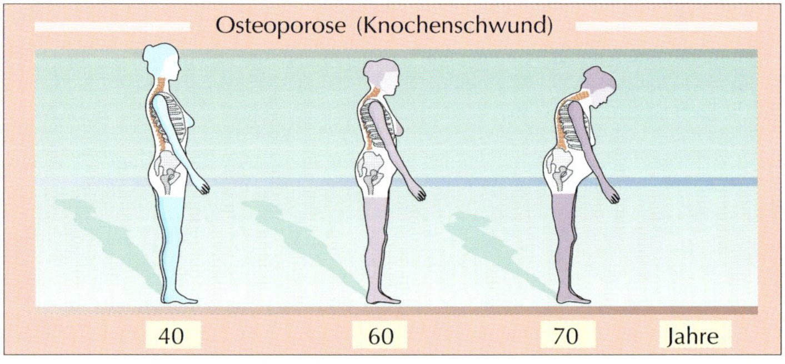

Im ersten Stadium der Krankheit ändert sich die Körperhaltung noch nicht. Die betroffene Person ist im zweiten Stadium um einige Zentimeter kleiner geworden, der Rückenbuckel hat sich gebildet. Im dritten Stadium ist die Wirbelsäule stark gebeugt, der Bauch ist vorgewölbt, der Körper weiter verkürzt.

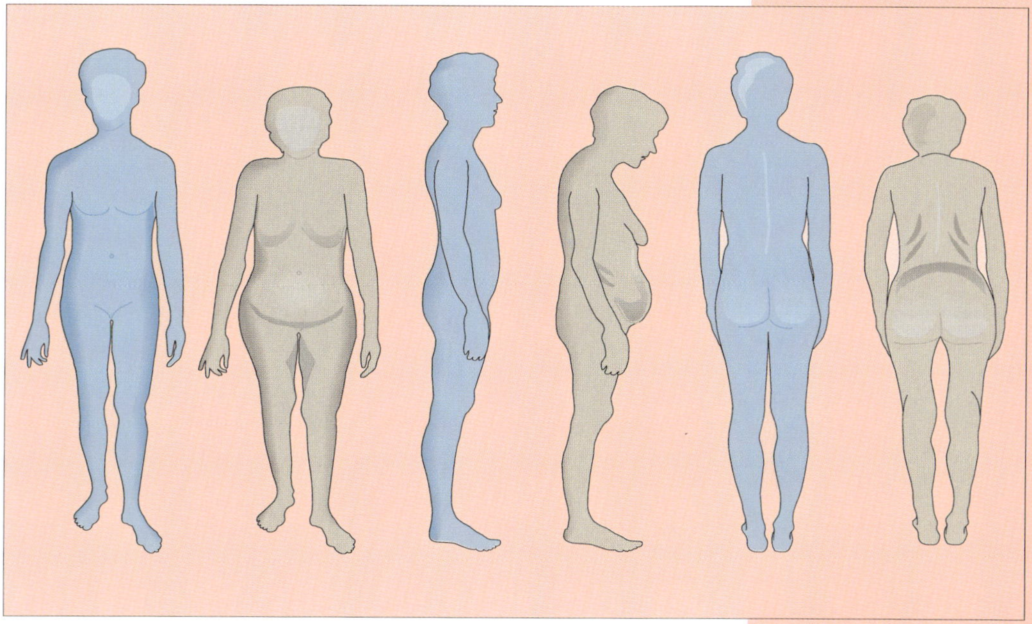

Haltungsänderungen und Hautfalten bei Osteoporose-Kranken.

Krankheit und einer Abnahme des Mineralgehalts von mehr als 30% kann die Röntgenuntersuchung genauere Aufschlüsse liefern. Zum Glück sind in den letzten Jahren Röntgentechniken gefunden worden, mit denen sich die Knochendichte besser bestimmen läßt. Für eine Beurteilung des Krankheitszustands wird aber auch die mikroskopische Untersuchung einer Knochenstanz aus bestimmten Körperregionen herangezogen.

Was passiert im zweiten Stadium der Krankheit?

Hier klagt der Patient schon über ständige, also chronische Rückenschmerzen. Bei der körperlichen Untersuchung fällt die veränderte Körperhaltung auf. Man erkennt bereits den Rückenbuckel (Rundrücken), der auch Witwen- oder Hexenbuckel genannt wird, sowie eine Bauchvorwölbung.

Im zweiten Stadium „schrumpft“ der Patient um einige Zentimeter.

In diesem Stadium der Krankheit ist der Patient im allgemeinen bereits zwei bis vier Zentimeter kleiner als vor dem Ausbruch der Osteoporose.

Im Röntgenbild werden erste Veränderungen von Brust- und Lendenwirbelkörpern erkennbar. Ihre Ober- und Unterflächen, die sogenannten Deck- und Bodenplatten, sind eingedrückt. Man spricht auch von Deck- und Bodenplatten-Einbrüchen.

Das Röntgenbild zeigt jetzt kalksalzverminderte Knochen, die Knochenbälkchen im Innern des Knochens wirken viel zarter als gewohnt. Der ganze Knochen wird für die Röntgenstrahlen durchlässiger. Besonders die Wirbelkörper machen den Eindruck, als bestünde ihr Innerstes aus längsgerichteten Strähnen. Es fehlen die Querstreben der Bälkchenstruktur. Messungen der Knochendichte und Knochenhistologie weisen entsprechende Veränderungen auf.

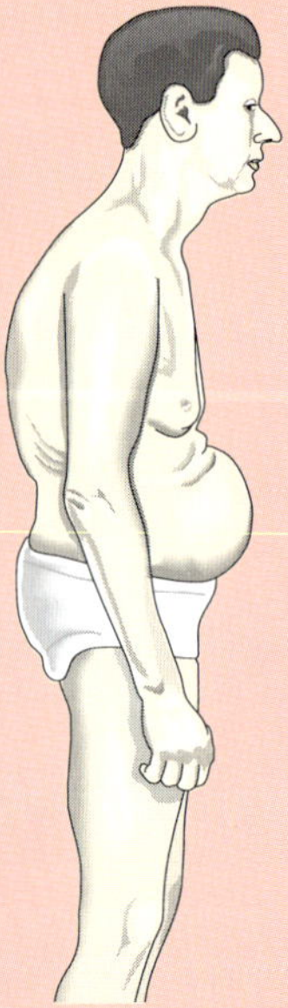

Im dritten Stadium ist die Wirbelsäule des Patienten stark gebeugt. Der Bauch wird nach vorne gedrückt, der Kopf sackt zwischen die Schultern. Die Arme wirken jetzt viel zu lang.

Wie sieht das Endstadium der Osteoporose aus?

Das dritte Stadium des Knochenschwundes kann als das Spätstadium mit ausgeprägten typischen Veränderungen betrachtet werden.

Die Betroffenen klagen über heftige diffuse und vor allem dauernde Rückenschmerzen. Gelegentlich kommt es sogar zu einem akuten Schmerzanfall, der selbst mit starken Schmerzmitteln nicht immer ganz zu beseitigen ist. Der Grund für die Schmerzen sind oft Wirbelkörper, die im wahrsten Sinne des Wortes zusammengebrochen sind.

Bereits leichte Unfälle, zum Beispiel im Haushalt, können zum Knochenbruch am Unterarm, an Rippen oder am Oberschenkel führen.

Das äußere Erscheinungsbild des Kranken hat sich nachteilig verändert. Eine ausgeprägte Buckelbildung ist

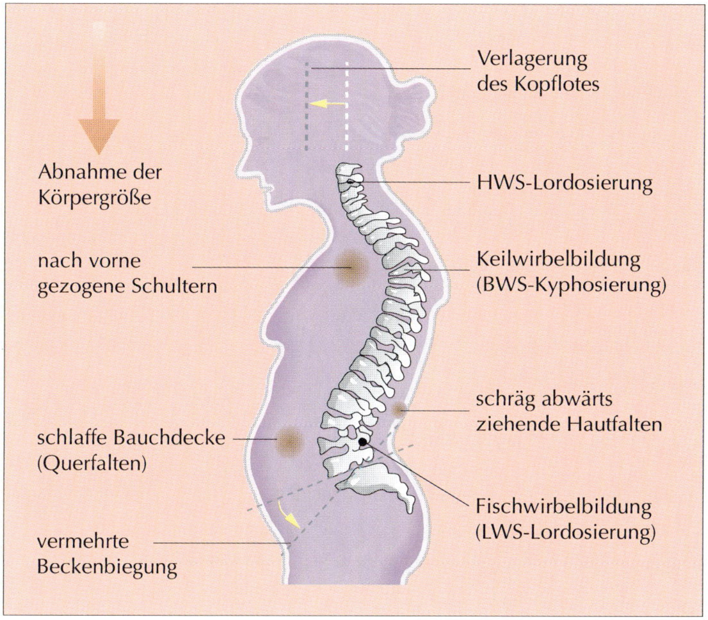

Veränderungen am Körper bei fortgeschrittener Osteoporose.

zu erkennen. Der Größenverlust kann 10 bis 20 Zentimenter betragen. Der Kopf wirkt zwischen den Schulten nach vorn gesetzt. Der Brustkorb berührt fast den Bekkenkamm.

Der Körper ist insgesamt verkürzt, der Bauch wird stark vorgewölbt. Die Körperhaut wirkt zu lang und hängt in schlaffen Schrägfalten am Rücken herunter. Man spricht hier vom sogenannten Tannenbaum-Phänomen der Rückenhaut.

Vor allem die Bauchmuskulatur wird schlaff, weil auch sie für den Körper viel zu lang erscheint. Das Bild eines „Kartoffelbauches" entsteht.

In der Röntgenaufnahme zeigt die Wirbelsäule des kranken Patienten jetzt starke Veränderungen. Die Keilwirbelkörper im Bereich der mittleren Brustwirbelsäule sind verändert. Sie führen zu meist starker Buckelbildung, dem Hexen- oder Witwenbuckel.

Was führt zu Osteoporose?

Noch längst sind nicht alle Ursachen für Osteoporose geklärt. Klar ist offensichtlich, daß es ein Zusammenspiel mehrerer Faktoren gibt. Einfache Erklärungen und somit auch einfache Behandlungs- und Vorbeugungsmöglichkeiten gibt es damit auch nur zum Teil. Die komplizierten Vorgänge, die sich rund um den Knochen abspielen, basieren eben auf vielen verschiedenen Einflüssen. Wichtig ist es natürlich, die Ursachen zu kennen. Denn nur so können wir der Krankheit vorbeugen oder ihr wirkungsvoll begegnen.

Wie wichtig ist die Ernährung?

Ohne Milch und Milchprodukte ist eine ausreichende Kalziumzufuhr nicht denkbar.

Bereits im Kindesalter wird die Entwicklung zur Osteoporose festgelegt. Ernährungsfehler in der frühen Jugend machen sich aber erst nach vielen Jahren bemerkbar, besonders dann, wenn Kinder zuwenig Milch trinken. Ohne Milch oder Milchprodukte aber ist eine ausreichende Kalziumzufuhr nicht denkbar. Immerhin benötigt der Erwachsene für einen guten Zustand seiner Knochen täglich zwischen 800 und 1200 mg Kalzium. Ein Kind benötigt noch mehr, nämlich bis zu 1500 mg Kalzium! Deshalb ist es grotesk, wenn immer noch über die Ausgabe der Schulmilch diskutiert wird.

Limonade oder koffeinhaltige Getränke können die Kuhmilch jedoch keineswegs ersetzen. Außerdem ist mittlerweile bekannt, daß die bei den Sprößlingen so beliebten Erfrischungsgetränke durch ihren hohen Phosphatgehalt das notwendige Nahrungskalzium unlöslich binden. Das bedeutet somit, daß es für den Knochenaufbau nicht zur Verfügung steht.

Was kann Bewegungsmangel auslösen?

Viele Kinder treiben heute zuwenig Sport. Das belegen zahlreiche Studien in den Industrienationen. Dabei ist gerade das richtige Maß an regelmäßigem Sport eine wichtige Voraussetzung für den Aufbau von gesunden Knochen. Denn: Je mehr Knochensubstanz in der Kindheit und Jugend aufgebaut wird, desto geringer ist die Gefahr eines bedrohlichen Knochenschwundes mit Knochenbrüchen im Alter.

Sport in einem angemessenen Rahmen ist wichtig, um dem Knochenschwund vorzubeugen.

Wahrscheinlich ist, daß die kräftige mechanische Beanspruchung der Knochen bei ausreichendem Sport die Aktivität der Knochenaufbauzellen fördert. Auch dient die sportliche Betätigung dazu, durch Anregung des gesamten Stoffwechsels mehr Mineralien in die Knochenmasse einzubauen. Dadurch werden die Knochen kräftiger, und es braucht im Alter länger, bis der Knochen so dünn wird, daß er bricht.

Natürlich ist hier nicht das harte Leistungstraining gemeint, daß die geschlechtliche Reifung verzögern kann. Man weiß heute zum Beispiel, daß Leistungssportlerinnen mit fehlenden Monatsblutungen gleich große Verluste an Knochenmasse erleiden wie Frauen, bei denen erst im Alter die Monatsblutungen aufhören.

Sportarten hingegen mit sogenannter aerober Beanspruchung wie vernünftiges Krafttraining oder Schwimmen helfen, die Osteoporose zu vermeiden oder zumindest zu verzögern.

Aus diesen Erfahrungen lernt man mittlerweile, für Spitzensportlerinnen neue Methoden des Trainings zu entwickeln. Neben der entsprechenden Kost muß der Kraftsport auf jeden Fall gezielt eingesetzt werden. Wenn beim Ausdauersport die Monatsblutung ausbleibt, wird die Sportbelastung so weit reduziert, bis die Menstruation wieder einsetzt.

Ändert man das Training nicht, kommt es bei jungen Mädchen zu Mineralverlusten in den Knochen, die gegenüber der Norm etwa 30% weniger Kalzium enthalten können.

Wie wichtig sind Hormone?

Hormone sind unentbehrliche körpereigene Wirkstoffe, die viele Abläufe im Organismus steuern. Wenn zuviel oder zuwenig von bestimmten Hormonen produziert wird, können Fehlfunktionen im Körper auftreten. Zusammen mit dem Nervensystem regeln sie unter anderem den Stoffwechsel und das Wachstum. Hormone werden von besonderen Drüsen produziert oder von ganz bestimmten Zellen eines Organs. Das Blut transportiert die Hormone schließlich an ihren Wirkungsort. Hormone wirken äußerst differenziert und schon in sehr geringer Konzentration. Für den Knochenaufbau sind die Geschlechtshormone von Männern und Frauen von besonderer Bedeutung.

Die Lehre von den Hormonen heißt Endokrinologie.

Was sind Östrogene?

Östrogene sind die weiblichen Geschlechtshormone. Sie werden von den Eierstöcken produziert, genauer von deren hormonbildenden Zellen. Die Eierstöcke werden dabei von der Hirnanhangsdrüse gesteuert, die ihrerseits von Teilen des Zwischenhirns ihre Befehle empfängt. Die Östrogene sind dafür verantwortlich, daß die sogenannten sekundären weiblichen Geschlechtsmerksmale gebildet werden, zum Beispiel die Schambehaarung. Etwa zwischen dem 45. und dem 55. Lebensjahr stellen die Eierstöcke die Produktion von Östrogenen langsam ein. Folge sind die Wechseljahre mit einer Vielzahl von Auswirkungen, unter anderem auch auf die Knochen.

Östrogenmangel stört den Knochenstoffwechsel. Nach den Wechseljahren erkrankt rund ein Drittel der Frauen an Osteoporose!

Das Fehlen von Östrogenen führt zu einem veränderten Knochenstoffwechsel und dieser letztendlich zu einem Abbau von Knochensubstanz. Östrogenmangel ist daher ein entscheidender Risikofaktor für den Knochenschwund. Dieses Phänomen ist erst seit der deutlichen Steigerung der Lebenserwartung zu einem echten Problem für die Frauen geworden. Früher starben die Menschen bereits mit 40 oder 50 Jahren. Es war somit normal, daß Frauen ihre Wechseljahre nur selten erlebten. In unserer Zeit mit einer hohen Lebenserwartung ist die Zeitspanne nach den Wechseljahren lang. Das heißt, viele Frauen leben jahre- oder jahrzehntelang mit einem Mangel an Sexualhormonen.

Auch Männer können durch fehlendes Geschlechtshormon an Knochenschwund erkranken.

Was ist Testosteron?

Testosteron ist das wichtigste männliche Geschlechtshormon. Im Gegensatz zur Frau wird beim Mann das Geschlechtshormon bis ins hohe Alter in mehr oder weniger ausreichendem Maße produziert. Testosteron sorgt unter anderem für die Weiterentwicklung der Sexualmerkmale und für den Bartwuchs. Es wird in den Hoden produziert. Bei Verlust der Hoden können Männer durch gestörten Knochenstoffwechsel genauso wie Frauen Osteoporose bekommen.

Mit dem Anstieg der Lebenserwartung hat auch die Zahl OsteoporoseKranker zugenommen. Das Schaubild zeigt die Veränderungen im Bevölkerungsaufbau von 1900 bis 1991 und die Prognose für das Jahr 2030.

Bevölkerungsaufbau in Deutschland

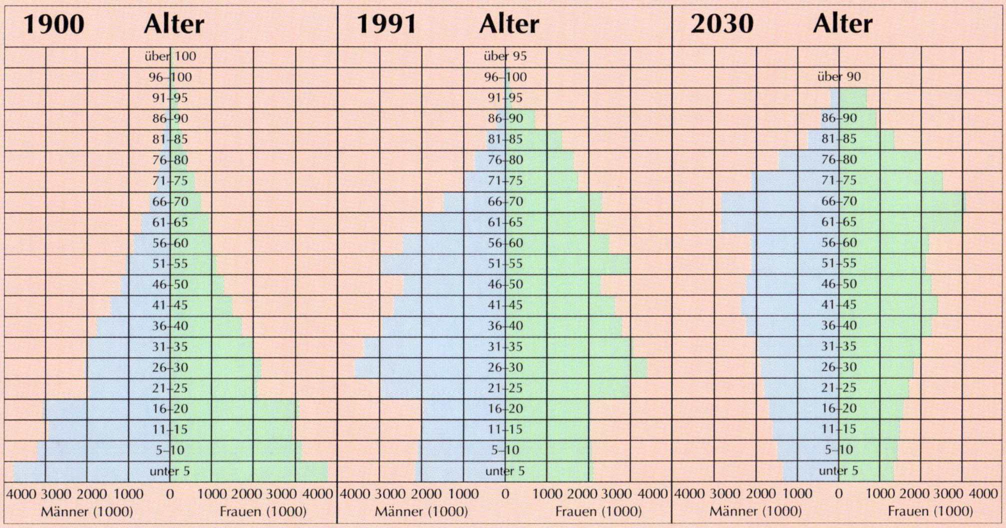

Quelle: Statistisches Bundesamt

Wer ist von Osteoporose betroffen?

Grundsätzlich kann natürlich jeder Mensch an Knochenschwund erkranken. Es gibt aber bestimmte Eigenschaften, die diese Erkrankung fördern. Die Osteoporose gilt weithin als Frauenkrankheit. Aber auch Männer erkranken daran, vor allem in fortgeschrittenem Alter. Zahlreiche Ursachen können zum Ausbruch der Krankheit führen. Osteoporose, die heutzutage als häufigste allgemeine Erkrankung des Knochensystems gilt, tritt in zunehmendem Maße auf, weil auch die Lebenserwartung – zum Glück – enorm gestiegen ist.

Warum erkranken überwiegend Frauen?

Osteoporose gilt weithin als Frauenkrankheit, aber auch Männer leiden im Alter unter einem Schwund der Knochen.

Ab dem 45. Lebensjahr erkranken überwiegend Frauen an primärer Osteoporose. Später, etwa ab dem 70. Lebensjahr, sind auch Männer in zunehmendem Maß von der Krankheit betroffen. Bei Frauen tritt vor allem in und nach den Wechseljahren wegen der hormonellen Umstellungen Osteoporose auf. Durch den Östrogenmangel, den die Frauen durch die nachlassende Funktion ihrer Eierstöcke während der Wechseljahre erleiden, wird der Knochenschwund entscheidend begünstigt. Das hat folgende Ursachen: Östrogene heben den Blutspiegel von Kalzitonin, das die Tätigkeit der Knochenfreßzellen hemmt. Sind zuwenig Östrogene im Organismus vorhanden, sinkt der Kalzitoninspiegel im Blut ab, die Knochenfreßzellen werden aktiver und Knochengewebe wird verstärkt abgebaut.

Aus diesem Grund werden als Arzneimittel zugeführte Östrogene auch zur Behandlung der Osteoporose eingesetzt. Androgene (männliche Geschlechtshormone), die den Kalzitoninspiegel noch stärker als Östrogene steigern und daher noch besser vor Osteoporose schützen würden, werden hingegen als Medikament aus verschiedenen Gründen nicht angewendet. Zu diesen Gründen zählt etwa das Auftreten starker Vermännlichung mit Bartwuchs und Baßstimme bei Frauen.

Wann sind Männer betroffen?

Die Bildung männlicher Hormone und männliche Zeugungsfähigkeit bleiben bis ins hohe Lebensalter erhalten. Man kann jedoch davon ausgehen, daß in Zukunft auch Männer früher und stärker von der Osteoporose betroffen sein werden, weil sie sich wenig bewegen und falsch ernähren. Milch und Milchprodukte als Kalziumträger sind in der Schule, am Arbeitsplatz oder beim Sport meistens verpönt. Und statt sich selbst zu bewegen, läßt sich der Mensch bewegen – auf dem Motorrad oder im Auto.

Wie kann Ernährung Osteoporose beeinflussen?

In Kalifornien/USA stellten Wissenschaftler fest, daß der Körper bei fleischreicher Kost neutralisierende Kalziumsalze aus den Knochen löst, wodurch der Knochenschwund zum Teil erklärt werden kann. Als Konsequenz daraus sollte reichlich kaliumhaltige Kost, also Pflanzenkost, gegessen werden oder Kalium als leicht verdauliches Kaliumkarbonat zugeführt werden. US-Wissenschaftler stellten fest, daß sich mit dieser Alkalisierung des Körpers tatsächlich Erfolge erzielen lassen. Voraussetzung für diesen Behandlungsansatz ist aber eine intakte Nierenfunktion, weil sonst eine Kalium-Überladung des Körpers mit Krankheitsfolgen für Herz und Kreislauf entstehen würde.

Eine schweizerische Studie weist auf Ernährungsmängel im Alter hin, besonders in den von den Medizinern untersuchten Altersheimen. Nach ihren Erkenntnissen benötigen die alten Menschen zusätzlich zur Heimkost Kalzium und Vitamin D_3. Dadurch läßt sich die Knochendichte erhöhen.

Wer ist besonders gefährdet?

Zahlreiche Faktoren können Knochenschwund begünstigen. Mehr Frauen als Männer erkranken an Osteoporose. Wir wissen auch, daß es bestimmte menschliche Eigenschaften sind, die diese Erkrankung fördern. Ob dabei auch angeborene Merkmale eine Rolle spielen, steht nicht endgültig fest.

Welche Risikofaktoren gibt es?

Schlanke Frauen mit dünnem Unterhautgewebe haben ein höheres Risiko, an Osteoporose zu erkranken, als Mollige.

Bei der Beantwortung der Frage, wer besonders gefährdet ist, sollen hier vor allem die Untersuchungsergebnisse zu Rate gezogen werden, die bei der Mehrheit der Osteoporose-Kranken, bei Frauen, festgestellt worden sind. Wenn auch nicht verallgemeinert werden darf, so zeichnen sich doch gewisse Tendenzen ab. Es scheint eine gewisse familiäre Belastung zu geben, dies vor allem, wenn Mutter und Großmutter ebenfalls an Knochenschwund litten. Ob hier aber ein „echter" Erbfaktor die Hauptrolle spielt, ist nicht geklärt. Ebensogut könnte es sein, daß die seit Generationen weitergereichte falsche Ernährungsweise mit viel zuwenig Kalzium in der Kost die entscheidende Ursache ist.

Interessant ist auch, daß schlanke Frauen mit dünnem Unterhautfettgewebe ein höheres Risiko haben, an Knochenschwund zu erkranken, als mollige Frauen. Der Grund: Das Fettgewebe bei Frauen dient als Speicher für die wichtigen Östrogene, die vor Osteoporose schützen.

Menschen mit besonders heller Haut meiden in der Regel eine intensive Sonneneinstrahlung, weil sie Gefahr laufen, einen Sonnenbrand zu bekommen. Damit verringert sich aber die Bildung von natürlichem Vitamin D in der Haut, das eine wichtige Rolle im Kalziumstoffwechel spielt. Ob hellhäutige Menschen zusätzlich aufgrund anderer Faktoren eher zur Osteoporose neigen als dunkelhäutige, ist nicht abschließend geklärt.

Zusätzlich begünstigen alle Einflüsse, die bei Frauen zum vorzeitigen Ende der Monatsblutungen führen, den Knochenschwund. Dazu gehören Rauchen, Genuß von viel Alkohol und Bohnenkaffee, Hochleistungssport, operative Eierstockentfernung sowie verschiedene Medikamente. Kalziumarme und phosphatreiche Kost, Untergewicht, chronischer Durchfall, Genußmittelmißbrauch und Bewegungsmangel gelten natürlich sowohl für Frauen als auch für Männer als Risikofaktoren.

Auch Frauen, die keine Kinder geboren haben, neigen verstärkt zur Osteoporose, besonders dann, wenn sie keine (östrogenhaltigen) Antibabypillen genommen haben. Chronische Unter- und Fehlernährung können ebenfalls Osteoporose begünstigen. Hunger und Eiweißmangel, künstliche Ernährung, Alkoholsucht begünstigen ebenso die Krankheit wie fehlgesteuerte Verdauungsprozesse im Magen-Darm-Kanal etwa nach Magenoperationen, Dickdarm- und Dünndarm(teil)entfernung, entzündliche Magen- und Darm-Erkrankungen sowie Fehlsteuerung der Stoffwechselorgane wie Leber und Bauchspeicheldrüse.

Warum sind Astronauten besonders gefährdet?

Auch wenn es für die meisten Menschen nicht zutreffen wird und fast wie ein Scherz klingt: Als Astronaut ist man besonders osteoporosegefährdet. Das liegt an der mangelnden Bewegung im All. Die Schwerelosigkeit verhindert, daß der Körper und die Knochen belastet werden. So kann innerhalb weniger Monate ein großer Verlust an Knochensubstanz eintreten. Um sich fit zu halten, absolvieren Astronauten ein gezieltes Körpertraining, allerdings reicht Strampeln oder Radfahren in der Weltraumkapsel letztlich nicht aus, um den Schwund der Knochenmasse gänzlich zu verhindern.

Astronauten sind besonders osteoporosegefährdet, weil die Knochen nicht belastet werden. Ein gezieltes Körpertraining soll den Verlust von Knochensubstanz verringern.

Was hat die Schilddrüse mit Knochenschwund zu tun?

Wir wissen nun, daß Knochenschwund eine Vielzahl von Ursachen haben kann. Hormonstörungen, falsche Ernährung und andere Faktoren gehören dazu. Eine ganz besonders wichtige Funktion für die Knochen nimmt die Schilddrüse ein.

Die Schilddrüse liegt im Halsbereich, bildet verschiedene stoffwechselaktive Verbindungen und hat erheblichen Einfluß auf das Wachstum und das Nervensystem. Das 18 bis 60 Gramm schwere Organ ist die größte Hormondrüse im menschlichen Körper.

Was leistet die Schilddrüse für die Knochen?

Die Schilddrüse produziert Stoffe, die für den Knochenstoffwechsel von entscheidender Bedeutung sind. So bil-

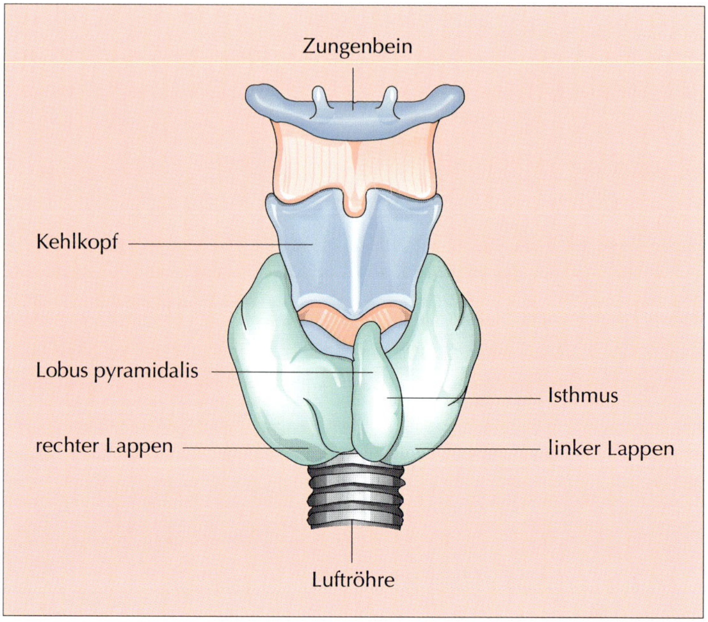

Frontalansicht der menschlichen Schilddrüse.

det sie unter anderem Kalzitonin, das den Kalzium- und Phosphatspiegel des Blutes senkt. Es verhindert den Knochenabbau, der durch das Parathormon begünstigt wird. Das Parathormon wiederum ist ein Hormon der Nebenschilddrüse und hält den Blutkalziumspiegel konstant beziehungsweise erhöht ihn. Es wirkt zum Teil zusammen mit Vitamin D.

Die Schilddrüse ist ganz besonders wichtig für den Knochenstoffwechsel.

Was passiert bei einer Überfunktion?

Schon lange ist bekannt, daß bei einer Schilddrüsenüberfunktion Osteoporose auftreten kann. Knochenabbauzellen werden bei dieser Form der sekundären Osteoporose zu erhöhter Tätigkeit angeregt.

Interessanterweise bleiben dabei jedoch die Wirbelkörper weitgehend verschont, während die Osteoporose am Oberschenkelknochen in der Regel besonders ausgeprägt ist.

Nach einer Schilddrüsenentfernung wegen Vergrößerung, Zysten, Knoten oder Krebs muß übrigens darauf geachtet werden, daß der erforderliche Dauerersatz von Schilddrüsenhormonen regelmäßig überprüft wird. Die Langzeitbehandlung mit hohen Dosierungen von Schilddrüsenhormon als Hormonersatz kann nämlich auch zu einer verstärkten Knochenumbildung im Sinne der sekundären Osteoporose führen.

Man findet bei dieser Ersatzbehandlung auch das interessante Phänomen der Pleiotropie: Gaben von Schilddrüsenhormon lösen bei einem Menschen beschleunigten Knochenabbau mit dem Endergebnis der Osteoporose aus, während das gleiche Mittel beim anderen den Knochenaufbau fördert.

Die Erkenntnis aus dieser Erfahrung lautet: Wird der Patient länger als zehn Jahre mit einem Schilddrüsenhormon behandelt, soll auf jeden Fall das Knochengerüst regelmäßig kontrolliert werden.

Wie wirken Genußmittel?

Hier soll nicht pauschal vor allen Genußmitteln gewarnt und sture Abstinenz gepredigt werden. Genußmittel sind für die meisten Menschen heutzutage etwas Alltägliches. Und es ist natürlich auch nicht so, daß Genußmittel, die maßvoll genutzt werden, zum Knochenschwund führen. Aber man muß darauf hinweisen, daß sie, in großen Mengen genossen, die Gesundheit schädigen und die Ursachen für Krankheiten sein können.

Warum schaden Alkohol und Nikotin den Knochen?

Alkohol und Nikotin können dazu beitragen, daß sich das Osteoporose-Risiko erhöht.

Alkoholismus ist die häufigste Suchtkrankheit in ganz Deutschland. Neben einer hohen Dunkelziffer wird die Zahl der behandlungsbedürftigen Alkoholiker auf rund 2,5 Millionen geschätzt. Etwa 30 % der Erwachsenen trinken täglich Alkohol. Britische Studien lassen den Schluß zu, daß starker Alkoholkonsum den Knochenabbau steigert. Die Briten empfehlen den Frauen in der Menopause, weniger Alkohol zu trinken, da bei ihnen das Osteoporose-Risiko durch den Abfall der Östrogene, falsche Ernährung, zunehmendes Alter und abnehmende Beweglichkeit besonders groß ist. Es gibt aber Ausnahmen: Wissenschaftler fanden im US-amerikanischen Kalifornien mit seinen großen Weinanbaugebieten bei 80- bis 90jährigen eine nicht für möglich gehaltene Gesundheit der Knochen. Vielleicht, so könnte man spekulieren, wird durch das „Gläschen in Ehren", also durch den mäßigen (!) Alkoholkonsum, die Knochendichte sogar erhöht und das Osteoporose-Risiko gesenkt. Wie aber diese Alkoholwirkung zustande kommt, kann nicht erklärt werden, es sei denn, man nimmt einen hormonellen Effekt an. Es wäre nämlich denkbar, daß der Abbau von Geschlechtshormonen (Östrogene, Androgene), der vor allem in der Leber erfolgt, durch geringe Alkoholmengen gebremst wird. So könnten Östrogene oder Androgene trotz ihrer geringeren Konzentration im hohen Alter doch noch ihren indirekten Einfluß auf den Knochenstoffwechsel ausüben. Denn umgekehrt ist bekannt, daß sich bei Männern mit fortgeschrittener alkoholischer Leberschrumpfung (Leberzirrhose) die sekundären männlichen Geschlechtsmerkmale zurückbilden und verstärkt „weibliche" Formen auftreten, bis hin zu starker Brustausbildung.

Rauchen gilt als Hauptursache für die Entstehung von Lungenkrebs und begünstigt auch andere Krebsarten. Bei Frauen wirkt Nikotin ungünstig auf den Östrogen-Blutspiegel. Dadurch kann der Knochenschwund gefördert werden.

Was müssen Kaffee- und Teetrinker befürchten?

Auch der geschätzte Muntermacher Kaffee hat eine Menge mit unseren Knochen zu tun. Er regt nicht nur Herz und Hirn an, sondern auch Drüsen und Nieren. Die Nebenschilddrüse bildet dann mehr Parathormon, das die Knochenabbauzellen, die Osteoklasten, zu verstärkter Tätigkeit anregt. Sportler sollten darauf achten, daß sie sich nicht durch übermäßigen Kaffeegenuß auf Trab bringen. Die anregende Kaffeewirkung ist bei Dauerleistung rasch verpufft. Am Ende steht der Knochenschwund, vor allem dann, wenn koffeinhaltige Stoffe mit Langzeitwirkung eingenommen werden. Man sollte wissen, daß sich Leistung auf Dauer nur durch Training erreichen läßt, nicht aber durch irgendwelche aufputschende Mittel oder Drogen. Auf den Punkt gebracht: Genießen Sie getrost weiter ihre zwei Tassen mit gutem Bohnenkaffee. Wenn Sie täglich mindestens ein großes Glas Milch als Kalziumspender trinken, kann den Knochen gar nichts passieren.

Studien lassen vermuten, daß sich bei starken Kaffee- und Teetrinkern das Knochenbruchrisiko deutlich erhöht.

Was passiert im kranken Rücken?

Osteoporose kann grundsätzlich alle Knochen im Körper betreffen. Wenn Knochen brechen, zum Beispiel der Oberschenkelhals, kann das oft auf Knochenschwund zurückgeführt werden, ebenfalls heftige Schmerzen im Rücken und an der Wirbelsäule. Im Gegensatz zu Knochenbrüchen ist der Schmerz im Rücken chronisch, er steigert sich zunehmend und wird zu einer alles umfassenden Einschränkung des Lebens. Jede Bewegung tut weh, die Schmerzen begleiten den Kranken ständig und belasten ihn schwer.

Aber natürlich ist nicht jeder Schmerz im Rücken auf Osteoporose zurückzuführen. Rückenschmerzen sind in der Bevölkerung weit verbreitet. Muskelverspannungen, heftige falsche Bewegungen oder zu starke Belastung sind ebenfalls Gründe für diese Beschwerden.

Wann brechen Rückenwirbel?

Knochenschwund führt dazu, daß die filigrane Struktur der Wirbelkörper in sich zusammenfällt.

Bei fortschreitendem Knochenschwund, der im Anfangsstadium nur sehr schwer diagnostiziert werden kann, sind die Wirbelkörper oft derart in Mitleidenschaft gezogen, daß sie brechen. Der Wirbelkörper besteht aus einer recht dünnen Knochenwand und vielen Knochenbälkchen. Deshalb wird auch vom Bälkchen-Knochen oder Spongiosa-Knochen gesprochen.

Wenn hier nun Knochenschwund entsteht, dann geschieht dies vor allem dadurch, daß die Querstreben der Bälkchen geschwächt oder ganz abgebaut werden. Die längsgerichteten Knochenstreben verlieren damit ihren seitlichen Halt. Sie knicken unter Druck in sich zusammen.

Wenn ein Wirbelkörper bricht, ist das kein einmaliger Fall. Schließlich sind auch die anderen Teile der Wirbelsäule in Mitleidenschaft gezogen. Wenn mehrere Wirbelkörper brechen und ineinandersacken, krümmt sich die Wirbelsäule. Der Patient bekommt nach und nach einen immer stärker ausgeprägten Buckel. Durch die zusammengeschobenen Wirbel und die gekrümmte Wirbelsäule schrumpft der Kranke um mehrere Zentimeter.

Was ist der Unterschied zum Bandscheibenvorfall?

Wenn's im Rücken zieht und zwickt, kann es sich auch um Verspannungen handeln. Ein weiteres, weitverbreitetes Leiden im Rücken, das ebenfalls mit Schmerzen und Beeinträchtigung im Alltag einhergeht, ist der Bandscheibenvorfall.

Rückenschmerzen sind natürlich nicht immer und unbedingt auf Osteoporose zurückzuführen.

Beim Bandscheibenvorfall quetscht sich Bandscheibengewebe in den Rückenmarkkanal oder in die Nervenwurzel, das ist der Nervenanteil, der aus dem Rückenmark entspringt.

Mittlerweile weiß man, daß der Mensch im Laufe seines Lebens auch deshalb an Größe einbüßt, weil das sehr flüssigkeitshaltige Gewebe der Zwischenwirbelscheiben altersbedingt trockener wird. Die Scheiben werden flacher. Erst wenn sich Gewebe aus der Scheibe herausdrückt, entstehen die Komplikationen an Rückenmark- und Nervensträngen, die bis zu Lähmungserscheinungen führen können.

Im Gegensatz dazu verändert sich bei der Osteoporose das Knochengerüst der Wirbelkörper. Die Bandscheibe als gallertig-gelartiges Gebilde wird davon im allgemeinen nicht betroffen. Erst wenn durch massiven Zusammenbruch eines osteoporotischen Wirbelkörpers Knochenteile abgesprengt und nach hinten in den Rückenmarkkanal gepreßt würden, träte eine Art „Bandscheiben-Komplikation“ mit Lähmungen auf. Bei schweren Verkehrsunfällen Knochenschwundkranker kann es passieren, daß in den untersten Wirbelsäulenabschnitten Bandscheibenvorfälle auftreten.

Wie erkenne ich Osteoporose?

Knochenschwund, vor allem im Anfangsstadium, ist nicht leicht zu diagnostizieren. Gerade zu Beginn der Krankheit sind die Symptome oft nur flüchtig und können schwer zugeordnet werden. Schließlich kommen viele andere Krankheiten – zum Beispiel bei einem Schmerz im Rücken – ebenfalls in Betracht. Mit Hilfe der Röntgenuntersuchung lassen sich aber im Verlauf der Krankheit Veränderungen an den Knochen feststellen, die eindeutig zugeordnet werden können.

Was sind Röntgenstrahlen?

Besonders das Knochengerüst weist für Röntgenstrahlen eine relativ hohe Gewebedichte auf, die durch viele metallartige Stoffe, wie Kalzium, Magnesium oder Kalium, entsteht.

Vor etwas mehr als 100 Jahren entdeckte Wilhelm Conrad Röntgen mehr durch Zufall die nach ihm benannte Röntgenstrahlung. 1901 erhielt er dafür den ersten Nobelpreis für Physik.

Ohne das Grundprinzip der Strahlenbildung eingehend zu erläutern, soll hier festgehalten werden, daß die erzeugten Strahlen zwar viele Materialien, auch körperliches Gewebe, durchdringen können, dies aber nur in verschieden starkem Maße. Während die Röntgenstrahlen durch Luft, Holz oder Papier kaum oder gar nicht aufgehalten werden, können sie bestimmte Metalle ab einer gewissen Dicke nur sehr schlecht oder überhaupt nicht mehr durchdringen. Als typische Beispiele sind Blei oder Barium zu nennen. Beide Metalle werden auch zum Strahlenschutz eingesetzt.

Auf diesem Effekt der unterschiedlichen Durchdringung verschiedener Materialien beruht auch die Röntgenuntersuchung von Knochen und Zähnen. Das Knochengerüst weist für Röntgenstrahlen eine relativ hohe Gewebedichte auf, die durch viele metallartige Stoffe, wie Kalzium, Magnesium oder Kalium, entsteht. Deshalb durchdringen die Röntgenstrahlen dieses Material recht unterschiedlich, so daß die Medizin auf diesem Phänomen ihre gesamte „Knochendiagnostik" aufbauen konnte.

Wie helfen Röntgenstrahlen bei der Osteoporose-Erkrankung?

Knochenschwund stellt den Röntgenarzt vor ein großes Problem: Bei normaler Röntgentechnik erkennt man den Knochenschwund erst dann, wenn schon rund 30% oder mehr vom inneren Knochenaufbau, dem Bälkchensystem, verschwunden sind. Dagegen bereitet das Erkennen von Spätfolgen der Osteoporose mit den typischen Einbrüchen von Wirbelkörpern keine röntgenologisch-diagnostischen Probleme. Nur ist es dann für den Kranken schon sehr spät. Man suchte und fand andere Verfahren der strahlentechnischen Untersuchung von Knochen, um eine genauere, vor allem aber frühere Aussage über die Osteoporosegefahr machen zu können. Verschiedene Verfahren wurden entwickelt und immer mehr verfeinert. Die Entwicklung auf dem Gebiet der Knochendichtemessung ist noch lange nicht abgeschlossen. Wenn schon länger bekannte röntgenähnliche Meßmethoden, wie die Kernspintomographie oder Magnetresonanztomographie noch weiter verfeinert werden, wird man immer genauere Aussagen zur Knochendichte machen können.

Mit normaler Röntgentechnik kann die Osteoporose in aller Regel nur zu einem recht späten Zeitpunkt diagnostiziert werden. Andere Methoden und verfeinerte Meßtechniken sollen helfen, bereits im Frühstadium den Knochenschwund zweifelsfrei zu erkennen.

Im Gegensatz zu den vom Röntgengerät abgeleiteten Meßverfahren, wie der Computertomographie, werden bei der Magnetresonanztomographie bestimmte körpereigene Atombestandteile (Protonen) in einem künstlichen Magnetfeld aus ihrer natürlichen Lage abgelenkt. Bei Rückkehr in ihre Ausgangsstellung geben sie Energie ab, die spezielle Empfänger aufnehmen und in einem Computer verarbeiten. Aus den unterschiedlichsten Ablenkungsbildern kann man auf bestimmte Organstrukturen schließen.

Welche Tests zur Diagnose gibt es?

Neben der Erkennung von Knochenschwund mit Hilfe röntgenologischer Untersuchungen gibt es verschiedene Möglichkeiten, mehr Informationen über den Zustand der Knochen zu erhalten. Immer feinere technische Möglichkeiten erlauben es Wissenschaftlern und Ärzten, eine genauere Diagnose zu stellen. Der Patient hat den Vorteil, daß seine Krankheit früher erkennbar ist. Bessere Möglichkeiten zur Überprüfung der Knochen schonen darüber hinaus den Organismus.

Wird die Entnahme von Knochengewebe überflüssig?

Die Entnahme von Knochen kann auch heute noch eine sinnvolle Maßnahme sein, um beispielsweise die Osteoporose genau zuordnen zu können.

Mit der Magnetresonanztomographie (MR-Mikroskopie) kann ein facettenreiches Bild vom Knochen und seinem inneren Aufbau gewonnen werden, ohne daß dabei Knochengewebe entnommen wird. Neben dieser Untersuchungsmethode wird auch die Knochenbiopsie durchgeführt, bei der man unter örtlicher Betäubung ein Stück lebenden Knochen entnimmt, das erst nach komplizierter labortechnischer Aufarbeitung als Feinschnitt unter dem Mikroskop betrachtet und beurteilt werden kann. Da nur ein sehr kleines Knochenstückchen entfernt wird, besteht das Risiko, daß gerade an ihm keine Anzeichen von Osteoporose zu erkennen sind, obwohl der Körper bereits an anderen Stellen Anzeichen von Knochenschwund aufweist. Es wird zwar allgemein angenommen, daß sich der Knochenschwund in allen Knochen annähernd gleich entwickelt, tatsächlich bestehen aber Unterschiede seiner Ausprägung in Wirbelkörpern und Röhrenknochen. Diejenigen Knochen nämlich, die am meisten direkten Zug- und Druckkräften ausgesetzt sind, wie zum Beispiel Arm- und Beinknochen, weisen später als andere Knochenabschnitte des Körpers osteoporotische Veränderungen auf.

Besondere Bedeutung gewinnt die Knochenbiopsie, wenn geklärt werden muß, ob es sich bei der festgestellten Osteoporose um eine Sekundärform handelt, zum Beispiel Krebszellen im Knochenmark, oder um eine Systemkrankheit des Blutes wie Leukämie. Oft findet man bei Labortests nur eine erhöhte Zellzahl weißer Blutkörperchen als möglichen Hinweis auf eine sekundäre Knochenschwundkrankheit. Mit Labortests allein kann die Osteoporose nicht erkannt werden – auch wenn Forschungen in diese Richtung laufen.

Seit 1995 wird über eine Ultraschallmessung direkt am Knochen diskutiert, die als strahlungsfreie Untersuchungsmethode besonders für Kinder gedacht ist. Es bleibt abzuwarten, ob sich diese Methode auch für die Knochendichtemessung des Erwachsenen ausbauen läßt.

Wer sollte die Knochendichte messen lassen?

Vor allem bei Frauen in oder nach den Wechseljahren kann eine Knochendichtemessung wichtig und sinnvoll sein.

An erster Stelle ist diese Untersuchung Frauen in oder nach den Wechseljahren zu empfehlen. Sie machen schließlich den größten Anteil der von osteoporotischen Wirbelkörperbrüchen Betroffenen aus, rund 6% der Gesamtbevölkerung in Deutschland! Auch aus den USA liegen dazu Schätzungen vor: Pro Jahr treten dort rund 450000 Wirbelfrakturen, 230000 Schenkelhalsfrakturen, 180000 Unterarmbrüche und 290000 sonstige Knochenbrüche im Zusammenhang mit Knochenschwund auf.

Wenn wir davon ausgehen, daß in Deutschland rund 30% aller Frauen und 10% aller Männer über 60 Jahre alt sind, dann sind 12% unserer Gesamtbevölkerung von der Osteoporose betroffen. Eine Knochendichtemessung ist vor allem für Frauen sinnvoll, deren Regelblutung ganz oder frühzeitig aussetzt und denen vor Beginn der Wechseljahre oder in den ersten zwei Jahren danach die Gebärmutter oder die Eierstöcke operativ entfernt wurden.

Wie gefährlich ist Osteoporose?

An Osteoporose stirbt man im allgemeinen nicht! Es handelt sich um eine Knochenkrankheit, die sich in vielen Fällen durch rechtzeitige Vorsorge günstig beeinflussen läßt. Alle lebenswichtigen Organe wie Herz und Hirn, Lunge, Leber und Nieren arbeiten bei Osteoporose-Patienten meist normal weiter. Und selbst bei ausgeprägter Knochenschwundkrankheit findet man im Blut keine oder nur ganz wenige krankhafte Veränderungen. Dennoch gibt es immer wieder Patienten, bei denen die Krankheit tödlich verläuft. Ursache dafür ist jedoch nicht die Osteoporose selbst, sondern Komplikationen wie eine Fettembolie oder Lungenembolie, die zum Beispiel nach Knochenbrüchen bzw. nach langer Bettlägerigkeit auftreten können.

Was passiert bei Fettembolie?

Die häufigste Todesursache beim Oberschenkelhalsbruch war bis vor wenigen Jahren die Fettembolie.

Noch vor wenigen Jahren war die häufigste Todesursache beim Oberschenkelhalsbruch alter Menschen die Fettembolie. Beim älteren Menschen bildet sich im Spongiosa-Knochen des Oberschenkels das Knochenmark in fetthaltiges Gewebe um. Für die Blutbildung hat es jetzt keine Bedeutung mehr. Bei Knochenbrüchen können durch Zerrüttungen im Bereich des umgebenden Fettgewebes und der darum herum befindlichen Blutgefäße kleinste Fett-Teilchen in die Blutbahn gelangen. Das ist häufig bei Oberschenkelhalsbrüchen der Fall. Mit dem Blutstrom gelangen Fettpartikel in lebenswichtige Organe, wie etwa die Lunge oder das Gehirn. Hier verstopfen sie die Ernährungswege. Die Folge ist ein Infarkt, wie wir ihn vom Herzen her als Herzinfarkt kennen. Er verläuft im Alter meist tödlich! Aber glücklicherweise gibt es heute zahlreiche Möglichkeiten zur Behandlung von Fettembolien, sonst wäre die Sterblichkeit bei Oberschenkelhalsbrüchen noch viel größer.

Wann kommt es zur Lungenembolie?

Der Fachausdruck für diese Erkrankung heißt embolischer Lungeninfarkt. Bereits vor 1930 stellten Berliner Ärzte fest, daß bei etwa 25 bis 30% aller bettlägrigen Langzeiterkrankungen Blutgerinnsel (Thrombosen) die tiefen Wadenvenen verschließen. Wenn sich diese Thromben von der Venenwand ablösen, schwirren sie mit dem venösen Blutstrom über die rechte Herzkammer in die Lungenarterien und verstopfen sie. Wie beim Herzinfarkt Herzmuskelgewebe zerstört wird, so wird beim Lungeninfarkt das Lungengewebe zerstört.

Geschwächte Patienten haben ein erhöhtes Risiko, an Lungenembolie zu sterben.

Wenn es sich um eine massive Embolisierung handelt, stirbt der Kranke. Ihm fehlt „atmendes" Lungengewebe und die nötige Herzkraft, um das akute Krankheitsgeschehen zu überstehen. Wie an 250 deutschen Kliniken festgestellt wurde, sterben auch heute noch 20% aller Patienten, die eine Lungenembolie hatten. Und dieses Sterberisiko steigt bei vorgeschwächten Menschen, also auch bei vielen Senioren, auf 65% an.

Wie gefährlich ist eine Lungenentzündung?

Bei alten Menschen sind Infekte besonders gefährlich. Nicht umsonst sollen sie sich davor durch Bewegung an der frischen Luft, Abhärtung mit Kneippgüssen, Saunabesuche oder durch die jährliche Grippeimpfung schützen. Moderne sportmedizinische Erkenntnisse beweisen, daß systematisches, dem Alter angemessenes körperliches Training die Bildung besonderer Abwehrzellen im Blut fördert. Zunehmendes Alter und Osteoporose-Schmerzen verringern aber die Beweglichkeit. Je weniger Bewegung und Abhärtung im Freien erfolgt, desto anfälliger wird man für Infekte durch Bakterien und Viren. Je länger der Patient im Bett liegt, desto leichter blüht eine Lungenentzündung auf, die wegen allgemein geschwächter Abwehrkräfte womöglich nicht überlebt wird.

Eine Lungenentzündung kann bei alten Menschen wegen eingeschränkter Beweglichkeit durch Osteoporose schlimme Wirkungen haben.

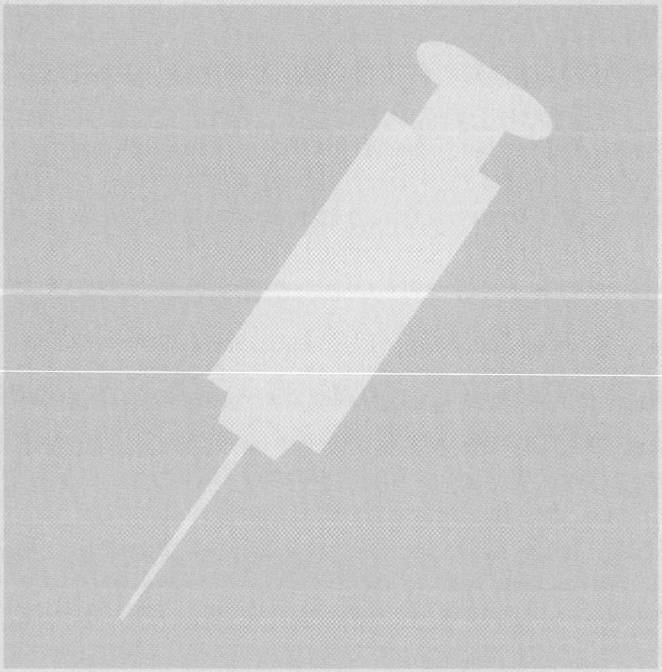

Wie wird meine Krankheit behandelt?

Die Behandlung von Osteoporose ist nicht einfach. Häufig wird die Diagnose erst im Spätstadium gestellt, wenn eine zufriedenstellende Therapie nicht mehr möglich ist, oder man ordnet die Schmerzen des Patienten anderen Krankheiten zu. Dennoch hat die Wissenschaft Möglichkeiten, der Krankheit zu begegnen und ein Behandlungskonzept anzubieten, das die Osteoporose und deren Folgen lindern kann.

Was tut der Arzt?

Für den Patienten, der unter schweren Schmerzen leidet, ist der Arzt oftmals die letzte Rettung. Solange die Rückenschmerzen das normale Maß nicht übersteigen, bleiben viele Kranke noch zu Hause und versuchen mit entspannenden Bädern oder alten Hausmitteln das vermeintliche „Zipperlein" zu kurieren.

Rückenschmerzen werden zunächst oft dadurch erklärt, daß wieder mal eine viel zu schwere Tasche gehoben werden mußte oder die Anstrengung beim Renovieren der Wohnung zu groß war. Erst wenn die Schmerzen nicht wieder verschwinden, sondern schlimmer werden, gehen die Patienten zum Arzt.

Ein ausführliches Gespräch kann dazu beitragen, daß die Krankheit erkannt wird und geeignete Behandlungsmethoden eingesetzt werden. Weil aber die Osteoporose sehr spät, häufig zu spät, diagnostiziert wird, ergeben sich manchmal massive Probleme bei der Behandlung. Oft kann der Arzt nur noch zu einer Schadensbegrenzung beitragen. Eine endgültige Heilung ist dann nicht mehr möglich.

Welche Behandlung kommt in Frage?

Im Dialog mit dem Patienten muß sich der behandelnde Arzt um eine individuelle Therapie bemühen.

Kommt ein Patient mit Rückenschmerzen zum Arzt, müssen zunächst die Ursachen dafür herausgefunden werden. Rückenschmerzen müssen ja nicht unbedingt auf Knochenschwund zurückzuführen sein. Wenn die Schmerzen jedoch als Osteoporose verursacht sind, stellt sich die Frage nach genauerer Bestimmung.

Handelt es sich um eine sekundäre Osteoporose, so kann der Knochenschwund meist behoben werden, indem die auslösende Krankheit behandelt wird. Bei der primären Osteoporose, die als eigenständige Krankheit auftritt, ist das nicht so einfach. Die häufigste Form der Osteoporose, die postmenopausale Osteoporose, kann nicht mit einfachen und allgemeingültigen Rezepten geheilt werden. Eine pauschale Behandlung ist hier nicht möglich.

Hier ist der Arzt gefordert, sich im Dialog mit dem Patienten um eine individuelle Behandlungsmethode zu kümmern. Verschiedene Behandlungsformen müssen abgewogen, der Einsatz von Medikamenten oder Hormonpräparaten einschließlich all ihrer negativen Folgen bedacht werden.

Was sind die Ziele der Behandlung?

Die Ziele der Behandlung ergeben sich aus der aktuellen Befindlichkeit der Patienten. Zum einen geht es darum, die Schmerzen, meistens im Rücken, zu lindern und – wenn möglich – sogar zu beseitigen.

Schmerzlinderung und Bekämpfung des Knochenschwundes sind vorrangige Ziele einer Behandlung.

Neben der Schmerzlinderung ist es für den an Osteoporose erkrankten Patienten besonders wichtig, daß das Knochenbruchrisiko verringert wird. Entsprechende Verhaltensweisen müssen mit dem behandelnden Arzt abgesprochen werden.

Wenn es noch möglich ist, sollte auch der weitere Verlauf der Krankheit gestoppt oder zumindest verlangsamt werden, so daß es beispielsweise nicht oder nur in geringem Ausmaß zu einer Buckelbildung, dem sogenannten Hexenbuckel, kommt.

Wie fühlt sich der Patient?

Die Osteoporose-Kranken leiden häufig unter starken Schmerzen. Im Spätstadium des Knochenschwundes wird jede Bewegung zur Qual. Die Folgen sind: Die Kranken kapseln sich ab, lehnen Einladungen bei Freunden ab, weil jeder Schritt schmerzt und die Schmerzen schließlich zum alles dominierenden Faktor werden. Viele Kranke vereinsamen dadurch und werden von ihrer Umwelt häufig als seltsam oder verschroben eingestuft.

Starke Schmerzen behindern oftmals den Patienten und schränken ihn nachhaltig im Alltag ein.

Wie wichtig sind Medikamente?

Medikamente stehen heute mit im Vordergrund bei der Behandlung von Osteoporose. Vielleicht ist das so, weil vor allem die pharmazeutische Forschung dafür verantwortlich ist, daß dieses Thema wieder ins medizinische Gespräch gebracht wurde.

Vor rund drei Jahrzehnten widmeten medizinische Lehrbücher der Osteoporose gerade mal eine halbe Buchseite. Heute kann man mit Veröffentlichungen über dieses Thema ein ganzes Bücherregal füllen.

Sicherlich hat auch die steigende Zahl alter Menschen den Blick der Medizin auf dieses Problem gerichtet. Das wird sich aufgrund der gesteigerten Lebenserwartung auch in Zukunft nicht wesentlich ändern.

Die pharmazeutische Industrie bietet heute eine ganze Palette von medikamentösen Behandlungsmöglichkeiten an. Neben den Arzneimitteln, die der Osteoporose entgegenwirken sollen, müssen vor allem die klassischen Mittel zur Schmerzlinderung genannt werden.

Welche Medikamente können helfen?

Wirkungen und Nebenwirkungen von Medikamenten müssen genauestens abgewogen werden, um einen Behandlungserfolg zu gewährleisten.

Es ist an dieser Stelle unmöglich, alle Präparate zu nennen, die gegen Osteoporose eingesetzt werden oder werden können. Hier soll eine erste Übersicht über die medikamentösen Alternativen gegeben werden.

So sind zuerst Kalziumpräparate als Medikamente zu nennen, die aber allein kaum eine ausreichende Wirkung haben.

Zweitens gehört Fluor (Natriumfluorid) zu den medikamentösen Möglichkeiten, der Osteoporose zu begegnen, indem man damit die Vermehrung der Knochenaufbauzellen anregt.

Geschlechtshormone werden bei Knochenschwund ebenfalls eingesetzt. Hier ist zu unterteilen in Östrogene (weiblich), Androgene (männlich) und Antiöstrogene.

Außerdem können Vitamine, Kalzitonin und Schmerzmittel zentrale Rollen bei einer Behandlung der Krankheit spielen.

Warum reicht die medikamentöse Behandlung allein nicht aus?

Medikamente allein reichen in der Regel nicht aus, um die Folgen des Knochenschwundes zu beseitigen oder die Krankheit womöglich zu heilen. Die Mithilfe des Patienten ist eine wesentliche Voraussetzung für ein positives Behandlungsergebnis. Dazu gehören beispielsweise Änderungen im Ernährungsverhalten und gymnastische Übungen.

Das Verhalten des Patienten spielt eine wesentliche Rolle in der Osteoporose-Therapie und kann sie entscheidend unterstützen.

Alternative Heilverfahren können ebenfalls dazu beitragen, daß Schmerzen gelindert werden oder ein Knochenbruchrisiko vermindert wird. Nicht zuletzt gehört auch ein entsprechend vorsichtiges Verhalten im Alltag zu den Möglichkeiten, sich gerade im hohen Alter vor Knochenbruch wirkungsvoll zu schützen.

Überhaupt: Bei der bisherigen Lektüre müßte längst aufgefallen sein, daß es nichts bringt, einseitig auf die eine oder andere Behandlungsmethode zu schwören. Auch der Irrglaube, man müsse nur Pillen schlucken, um wieder gesund zu werden, ist noch weit verbreitet und schwer auszurotten.

Doch gerade bei eigentlich chronischen Krankheiten wie Osteoporose ist Vorbeugung ebenso wichtig wie eine gesunde Lebensführung und der Verzicht auf Gewohnheiten beim Essen und Trinken, die alles nur schlimmer machen. Traditionellen Arzneimitteln kommt ebensoviel Gewicht zu wie der Bereitschaft, auch einmal neue Wege zu gehen, wenn die bisherigen sich als Sackgasse erweisen. Sie müssen an kein spezielles Medikament glauben, aber Sie sollten einiges über die verbreiteten Mittel wissen.

Was bewirkt Kalzium?

Auf den ersten Blick scheint Kalzium der am meisten geeignete Stoff im Kampf gegen Osteoporose zu sein, weil er zum Aufbau des Knochens beiträgt. Jedoch ist es nicht möglich, allein mit Kalzium die Krankheit zu stoppen oder auch nur wesentlich zu beeinflussen. Es müssen noch weitere Medikamente verabreicht werden, die die Krankheit bekämpfen können.

Was ist Kalzium?

Kalzium ist wichtig für die Erhaltung gesunder Knochen.

Kalzium ist nicht gleich Kalzium. Auch Marmor, Kesselstein und Gips enthalten Kalzium, aber der Körper könnte diese Materialien natürlich nicht verarbeiten und das Mineral nicht herauslösen. Kalzium ist ein Mineralstoff, der in aller Regel auch bei längerer Einnahme gut verträglich ist. Es wird nicht nur zum Aufbau der Knochen gebraucht, sondern hat auch viele andere Aufgaben im übrigen Organismus.

Wie wirkt Kalzium?

Kalzium wirkt am besten, wenn noch weitere Stoffe hinzugegeben werden, die vom Körper gut verarbeitet werden können.

Am besten wirkt ein Präparat mit Kalzium, wenn weitere Stoffe wie Zitronen-, Milch- oder Apfelsäure hinzugegeben werden. Kalziumsalze (Kalzium-Zitrat, Kalzium-Laktat und Kalzium-Malat) werden vom Körper am besten verdaut und im Knochen eingelagert. Aber Vorsicht: Wer wegen Magenbeschwerden ein Mittel gegen Übersäuerung bei Magenschleimhautentzündung (Gastritis), ein sogenanntes Antazidum, einnimmt, muß damit rechnen, daß sein Kalziumbedarf noch weiter ansteigt. Besonders Antazida mit Aluminium bergen doppelte Gefahren. Erstens binden sie im Darm übermäßig Kalzium, Phosphate und Fluor. Zweitens wird Aluminium in den Knochen eingelagert. Dieser Stoff wiederum blockiert den normalen Mineralhaushalt. Beide Vorgänge können den Knochenaufbau stören.

Welche Nahrungsmittel enthalten Kalzium?

Milch ist wichtig für die Kalziumversorgung des Organismus, enthält aber auch Kalorien!

Der normale Kalziumbedarf des Menschen wird mit 1 g pro Tag angegeben. In der Jugend, während einer Schwangerschaft und im höheren Alter sollten sogar 1,2 g bis 1,5 g Kalzium täglich zugeführt werden. Um 1 g Kalzium aufzunehmen, müßte der Mensch täglich zum Beispiel einen halben Liter Milch trinken, 50 g Hartkäse und zwei Becher Joghurt konsumieren.

Ein wichtiger Gesichtspunkt muß aber bei der Milch-Kalzium-Therapie beachtet werden. Milch ist gut bekömmlich und in der Magerstufe als Diätnahrung gerade bei Kindern beliebt. Milch ist aber auch ein Kalorienträger. Wußten Sie, daß 1 Liter entrahmte Milch mit 1,5 % Fettgehalt rund 460 Kilokalorien (1920 Kilojoule) Brennwert besitzt? Das ist für einen älteren Menschen, der vielleicht täglich 1000 bis 1200 Kilokalorien benötigt, fast die halbe Tagesration!

Wer also zum Übergewicht neigt, wird sich deshalb gut überlegen müssen, wie er seinen Essensfahrplan einrichtet.

Richtig bleibt, daß Milch als Hauptträger für die Kalziumzufuhr erwünscht ist, um Osteoporose zu vermeiden oder zu behandeln.

Der Mensch soll täglich etwa 30 g Ballaststoffe mit der Nahrung aufnehmen. Da diese Kost viel unverdauliche Pflanzenreste (Zellulose) enthält, wird die Darmtätigkeit angeregt – ein erwünschter Effekt bei Verstopfungsneigung. Daneben binden die Pflanzenstoffe Cholesterin aus der Nahrung und aus körperlicher Eigenproduktion – auch ein erwünschter Nebeneffekt.

Aber: Zellulose bindet Kalzium, und das wiederum benötigen unsere Knochen! Wer zu Nierensteinen neigt, muß Kalzium eher meiden als verstärkt zuführen. Wie immer in der Medizin gilt also auch hier, den goldenen Mittelweg zu finden.

Wie wichtig ist Phosphor?

Der Mineralstoff Kalzium, der wichtigster anorganischer Bestandteil des Knochens ist, kommt hauptsächlich in Verbindung mit Phosphor als Kalziumphosphat vor. Meistens kann der tägliche Phosphorbedarf mit der Nahrung gedeckt werden, ja, es ist häufig sogar so, daß unsere Nahrung zuviel Phosphor enthält, was wiederum zu Problemen führen kann.

Was ist Phosphor?

Phosphor kommt im Organismus in Form von Phosphaten vor.

Phosphor kommt im Organismus in Form von Phosphaten (phosphorsauren Salzen) vor. Weil das Mischungsverhältnis von Kalzium und Phosphor 1:1 beträgt, kommt es zu keinem Phosphorüberangebot. Es ist aber zu bedenken, daß in der heutigen Nahrung (zum Beispiel in Fleisch und Colagetränken) zuviel Phosphate enthalten sind, die durch noch größere Kalziummengen nicht ausgeglichen werden können. Die daraus entstehenden Kalzium-Phosphor-Verbindungen sind unlöslich und gehen dem Körper verloren. Wenn Nierenbeckensteine durch eine Nierenbeckenentzündung entstehen, so bilden sich bevorzugt phosphathaltige Steine. Die Nierenbeckenentzündung kommt aber besonders bei Frauen vor, und bei ihnen tritt die Osteoporose im mittleren Alter achtmal häufiger als beim Mann auf.

Wie funktioniert die Aufnahme von Phosphor?

Häufig enthält unsere tägliche Nahrung viel zuviel Phosphor und stört damit das sensible und wichtige Kalzium-Phosphor-Verhältnis.

Eine ausgewogene Ernährung trägt dazu bei, unseren Phosphorgehalt zu decken. Fleisch und Wurst sind nur in mäßigen Portionen zu empfehlen, weil sie einen relativ hohen Phosphorgehalt haben und somit den Kalziumhaushalt stören können. Auch viele Getränke (beispielsweise Cola) und Konservierungsmittel enthalten einen zu hohen Anteil an Phosphor. Milch als Hauptträger für Phosphat ist unerwünscht, weil sie die Bildung von Phosphat-Nierensteinen fördert.

Phosphatgehalt in der Nahrung

Lebensmittel (100 g)	Phosphat (mg)	Lebensmittel (100 g)	Phosphat (mg)
Fleisch, Wurstwaren		**Milchprodukte**	
Bratwurst	190	Butter	21
Fleischwurst	129	Buttermilch	90
Hackfleisch	205	Camembert	540
Kalbfleisch	198	Joghurt	92
Leberwurst	154	Hartkäse	570
Rindfleisch	195	Magerkäse	266
Rindsleber	358	Magerquark	160
Salami	167	Vollmilch	92
Schinken, gekocht	136		
Schinken, roh	207	**Obst, Gemüse**	
Schweinefleisch	172	Äpfel	12
		Apfelsinen	23
Geflügel		Blumenkohl	54
Gans	184	Bohnen	429
Huhn	200	Erdbeeren	29
Ei	216	Grapefruit	17
		Kartoffeln	50
Fisch		Kirschen	20
Heringsfilet	190	Kohlrabi	50
Lachs	266	Linsen	130
Rotbarschfilet	201	Mohrrüben	35
Thunfisch	200	Pfirsiche	23
		Pflaumen	18
Getreideprodukte		Rosenkohl	84
Brötchen	102	Spinat	55
Haferflocken	391	Tomaten	26
Nudeln	191		
Reis	36	**Getränke**	
Roggenvollkornbrot	220	Bier (hell)	28
Weißbrot	89	Säfte/Limonaden	15

Was bringt Fluor?

Jeder redet von Fluor, aber kaum einer weiß so recht, welche Bewandtnis es mit diesem Stoff hat. Fluor ist ein gasförmiges Element, das mit Chlor oder Brom chemisch verwandt ist. Man nennt diese sehr reaktionsfreudigen Stoffe Halogene. Die bekannteste Fluorverbindung heißt Flußsäure (Fluorkohlenwasserstoff) und ist als Ätzmittel in der Glasindustrie weit verbreitet. In ganz kleinen Mengen wird Fluor zum Schutz vor Zahnfäule (Zahnkaries) verwendet. Aus Vorsorgegründen wird es in einigen Städten ins Trinkwasser gegeben sowie ins Küchensalz oder in manche Zahnpasten (Fluoridierung).

Fluor kommt in jedem Gewebe vor, hemmt in der lebenden Zelle bestimmte Fermente und bremst dadurch zuckerabbauende Vorgänge im Körper.

Wie wirkt die Fluorbehandlung?

Fluorsalz (Fluorid) wirkt im Knochen auf dreierlei Weise. Erstens regt es die Knochenaufbauzellen, die Osteoblasten, an, sich zu vermehren. Man kann im Blut feststellen, daß die Aktivitäten alkalische Phosphatase, ein Ferment aus den Knochenzellen, ansteigen. Zweitens regt Fluor die Osteoblasten zu erhöhter Aktivität an. Auch dadurch erhöht sich das eben genannte Ferment im Blut. Drittens lagern sich Fluorsalze in das Kalzium-Phosphor-Gerüst ein, das die Mineralisation, die Verknöcherung des Knochens, bewirkt. Im Austausch mit Sauerstoff-Wasserstoff-Atomen fügt sich Fluor in dieses Mineral so fest ein, daß es durch die Knochenfreßzellen fast nicht mehr abgebaut werden kann. Damit werden weniger Knochen abgetragen und vorhandene Knochenstrukturen verstärkt. Die Folge ist: Der Knochen wird dichter und kann nicht mehr so schnell brechen!

Fluorsalz regt die Knochenaufbauzellen an, sich zu vermehren und aktiv zu werden.

Was können Fluoride verhindern?

Fluoride, als Salze von Fluor, kommen in der Natur in vielfältiger Form vor. Zufällig entdeckte man in Norddakota/USA, daß sich dessen Einwohner einer besonderen

Gesundheit ihrer Knochen erfreuen konnten. Dort gibt es erstaunlicherweise wesentlich weniger Osteoporose-Kranke als in anderen Gebieten der USA. Warum ist das so? Das Trinkwasser dieser Gegend enthält mehr Fluor als in anderen Teilen des Landes, wo das Osteoporose-Risiko erheblich höher ist.

Untersuchungen haben gezeigt, daß Fluor im Wasser offensichtlich das Osteoporose-Risiko verringert. Kritiker befürchten jedoch Nebenwirkungen, so zum Beispiel eine erhöhte Krebsgefahr.

Die Probe aufs Exempel gelang in Finnland: In einer Stadt mit Fluoranreicherung des Trinkwassers verringerte sich die Knochenbruchrate aufgrund von Osteoporose gegenüber der übrigen Bevölkerung.

Bei Osteoporose ist es aber sinnlos, nur Fluor zuzuführen. Aus medizinischen Gründen ist eine zusätzliche Einnahme von Kalzium notwendig. Allerdings wird Fluor zusammen mit Kalzium als Kalziumfluorid vom Darm nicht aufgenommen und geht mit dem Kot ab. Deshalb muß darauf geachtet werden, daß beide Stoffe getrennt eingenommen werden. So kann beispielsweise Kalzium zum Frühstück und Fluorid zum Abendessen verordnet werden. Einige Medikamente können jedoch die Aufnahme in das Blut und in den Organismus stören.

Wie wird Fluor angewendet?

Während man früher nur kurzfristig und meist zu niedrige Fluormengen (um 50 mg täglich) verabreichte und deshalb keinen Behandlungserfolg sah, versuchte man es später über Jahrzehnte mit wesentlich höheren Fluoriddosierungen (über 120 mg täglich). Dies wiederum verursachte Spätfolgen im Sinne einer chronischen Vergiftung (Fluorose), die auch bei Arbeitern in Porzellanfabriken durch ungesicherte Anwendung von Fluorsäure als Ätzmittel beobachtet wurde. Heute werden Osteoporose-Patienten mit einer täglichen Fluoriddosis von 80 bis 100 mg über drei bis vier Jahre behandelt. Im Röntgenbild kann man dann als Beweis für einen Therapieerfolg Zonen mit Knochenverdichtungen sehen.

Die verabreichte Fluoriddosis muß genau abgewogen sein, um eine Stärkung der Knochen erreichen zu können.

Was bewirken Geschlechtshormone?

Wie bereits beschrieben, werden die weiblichen Geschlechtshormone (Östrogene) zur Therapie der Osteoporose eingesetzt. Rein theoretisch würden sich auch die männlichen Geschlechtshormone (Androgene) dazu eignen. Nur allein mit Geschlechtshormonen gegen die Osteoporose vorgehen zu wollen wäre ein großer Fehler. Aller Wahrscheinlichkeit nach wirken Östrogene oder Androgene gar nicht direkt auf die Knochenzellen, sondern indirekt über das Schilddrüsenhormon Kalzitonin, das in Zellen der Schilddrüse gebildet wird. Seitdem man dies weiß, geht man auch dazu über, statt des Geschlechtshormons Kalzitonin zu geben, das quasi wie eine Knochenabbau-Bremse wirkt.

Wie gefährlich sind Östrogene?

Der Nutzen der Östrogenbehandlung ist zwar weitgehend anerkannt, doch dürfen die Risiken und Nebenwirkungen nicht übersehen werden.

Der Nutzen weiblicher Hormone für die Behandlung der Osteoporose bei der Frau ist heute allgemein anerkannt und unbestritten. Man mußte lange suchen, bis die optimale Medikamentenmenge gefunden wurde. Heute sind sich Mediziner einig, daß eine gezielte Östrogengabe von 0,6 bis 1,0 mg täglich am wirksamsten und am besten verträglich ist. Das Problem aber bleibt, Nutzen und Schaden gegeneinander abzuwägen. Die Östrogentherapie der weiblichen Osteoporose kann besonders dann mit Risiken verbunden sein, wenn es sich um noch relativ junge Frauen und um Frauen mit noch erhaltener Gebärmutter handelt. Es gibt Anhaltspunkte dafür, daß die Östrogentherapie allein zu vermehrter Krebsbildung an der Gebärmutterschleimhaut führt. Dies läßt sich durch die Kombination mit Gestagenen verhindern. Auch muß man beachten, daß Östrogene bei Frauen nach Brustkrebsoperationen nicht verordnet werden dürfen.

Welche Gefahren bergen Androgene?

Auch männliche Geschlechtshormone könnten theoretisch für die Osteoporose-Therapie verwendet werden. Wenn allerdings Frauen Androgene verabreicht würden, käme es zu erheblichen Vermännlichungserscheinungen und zu erhöhtem Herz-Kreislauf-Risiko.

Hohe Gaben von Testosteron fördern eventuell beim Mann das Wachstum der Vorsteherdrüse (Prostata). Testosteron kann einen „stummen" Krebskern im Gewebe der Prostata aktivieren.

Östrogene schützen die Frau vor Herz-Kreislauf-Krankheiten. Androgene fördern sie. Beim Mann ist dies gerade umgekehrt.

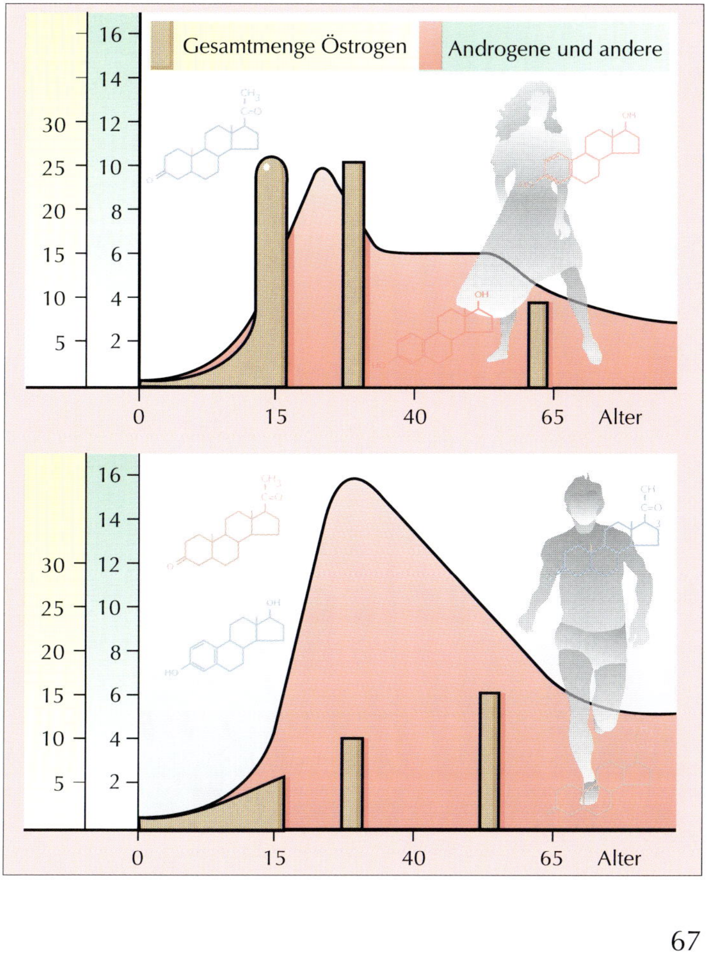

Ausscheidung von Hormonen im Harn bei Frauen und bei Männern im Verlauf des Lebens.

Wie sieht eine Östrogenbehandlung aus?

Die Osteoporose-Behandlung mit Östrogenen kann auf unterschiedlichen Wegen erfolgen. Es ist wichtig, daß hier eine ausreichende Information durch den Arzt erfolgt und in Gesprächen die am besten geeignete Behandlungsmöglichkeit gefunden wird. Denn natürlich können auch bei der Östrogenbehandlung unliebsame Nebenwirkungen auftauchen.

Wie werden Östrogene verabreicht?

Lange Zeit blieb die Frage offen, ob Östrogene als Spritze oder Pille verabreicht werden sollten. Nachdem es schließlich auch gelungen war, Medikamente mit Spezialpflastern auch durch die Haut (transdermal) in den Körper zu befördern, gibt es sogar noch diese dritte Möglichkeit.

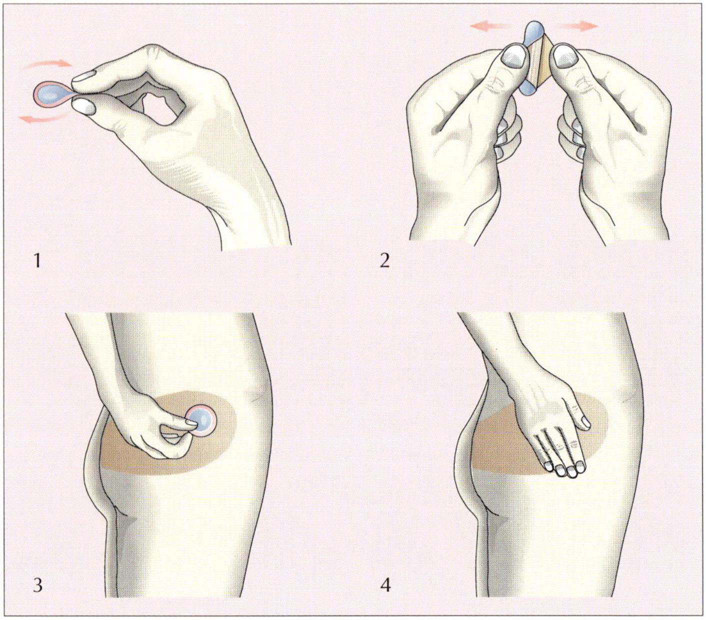

Östrogenpflaster bieten heute eine gute Möglichkeit, dem Körper Östrogene zuzuführen. Es ist denkbar einfach, sie anzuwenden.

Am einfachsten ist es, die Hormonpille zu schlucken. Wenn eine Frau aber einen Leberschaden mit erhöhten Leberfermenten hat, sollte man eine andere Art der Medikamentenaufnahme bevorzugen. Es könnte sonst sein, daß sich der Leberschaden verschlechtert.

Um den direkten Weg über den Leberstoffwechsel zu vermeiden, kann man Östrogene auch als Spritze geben. Die Frau erhält alle vier Wochen eine sogenannte Depot-Spritze, ein Medikament, das langsam über die Blutbahn in die Leber gelangt. Der Vorteil besteht darin, daß das Östrogen gewissermaßen verdünnt erst im „zweiten Durchgang" die Leber passiert und seine Nebenwirkungen nur noch gering sind.

Niedrige Dosis, „Leberpassage" im zweiten Durchgang und gut verträgliche Zufuhr von Östrogenen werden mit den Medikamentenpflastern gewährleistet. Es sollte aber immer mit dem behandelnden Arzt besprochen werden, welche Art der Östrogenzufuhr für die Patientin die am besten geeignete ist.

Eine Hormonbehandlung muß langfristig angelegt sein, damit sie einen nachvollziebaren Nutzen zeigt.

Noch vor kurzem bestand die Lehrmeinung, daß äußerlich angewendete Östrogene, also Östrogenpflaster, bei der Osteoporose-Behandlung keine Wirkung hätten. Neue medizinische Untersuchungen zeigen jedoch einen gleich guten Erfolg wie die übrigen Behandlungsmöglichkeiten.

Was schaffen Östrogene?

Untersuchungen der Universität Heidelberg zeigen, daß die Rate von Wirbelkörperbrüchen durch Osteoporose bei Frauen unter 5% sinkt, wenn sämtliche Möglichkeiten einer langfristigen Hormonbehandlung genutzt werden. Bei unbehandelten Frauen liegt dagegen die Wahrscheinlichkeit bei 30%, einen solchen Knochenbruch zu erleiden. Ganz wichtig ist dabei jedoch die Dauer der Einnahme von Östrogenen.

Die Hormonbehandlung muß konsequent über mindestens zehn Jahre nach dem Ende der Monatsblutung (Menopause) durchgeführt werden.

Wie wirken Östrogene?

Östrogene wirken wahrscheinlich nicht direkt auf den Knochen, sondern entfalten ihre Effekte auf verschiedenen Umwegen. Nachgewiesen ist, daß Östrogene die Bildung von Kalzitonmin anregen und seine Menge im Blut erhöhen. Kalzitonin wirkt auf mehrfache Weise der Osteoporose entgegen. Der günstige Effekt der Östrogene auf die Knochen könnte jedoch auch noch durch andere Wirkungsmechanismen erklärt werden, die derzeit noch nicht ausreichend untersucht sind. Es gibt zum Beispiel die folgende interessante Theorie zur Wirkung der Östrogene im Knochenstoffwechsel: Östrogen senkt die Produktion des hormonartigen Eiweißstoffes IGF-1 (insulin-like growth factor), der sowohl die Knochenaufbauzellen, die Osteoblasten, als auch die Knochenabbauzellen, die Osteoklasten, zur Tätigkeit anregt. Über einen sogenannten Biofeedback-Mechanismus steigt dadurch die Konzentration des in der Hirnanhangsdrüse gebildeten Wachstumshormons STH an. Dieses STH wiederum treibt die Osteoblasten zu vermehrter Tätigkeit an, während es auf die Osteoklasten keinen Einfluß hat. Die zusätzliche Gabe von Fluorid verstärkt die IGF-1-Wirkung und verändert die Kristallstruktur des Knochens so, daß sein Abbau durch die Osteoklasten gehemmt wird. Mit dieser kombinierten Östrogen-Fluorid-Therapie erreicht man eine deutliche Zunahme der Knochenmasse.

Wenn Östrogene vornehmlich zur Vorsorge der weiblichen Osteoporose eingesetzt wurden, eröffnet der neue Behandlungsweg eine noch bessere Wirkung gegenüber der Fluorid-Kalzium-Therapie.

Wann sollten Östrogene eingesetzt werden?

Es ist schwierig, den genauen Zeitpunkt zu bestimmen, ab dem eine Behandlung mit Östrogenen erforderlich wird. Denn dann müßte auch die Frage beantwortet werden können, ab wann die Osteoporose beginnt. Und da wird es noch schwieriger, eine eindeutige Antwort zu geben. Einige Experten schlagen schon die Zeit vor

Beendigung der Monatsblutung (Prämenopause) als Behandlungsbeginn vor, während andere meinen, daß der Zeitpunkt für die Östrogen-Unterstützung erst mit dem Ende der monatlichen Blutungen (Menopause) oder danach (Postmenopause) gekommen sei.

Die Wissenschaftler sind sich noch nicht ganz einig, ab wann sinnvollerweise eine Östrogen-Therapie eingesetzt werden sollte.

Der Einsatz von Östrogenen muß zudem sehr individuell geregelt werden. Es gibt Frauen, die schon mit 35 Jahren osteoporosegefährdet sind. Besondere ärztliche Betreuung brauchen Frauen, denen wegen bestimmter Erkrankungen beide Eierstöcke (Ovarien) entfernt werden mußten. Hier setzt die Substitutionstherapie mit Östrogenen sofort nach der Operation ein. Je jünger aber eine Frau ist, desto ausgewogener muß die Hormonbehandlung sein. Besonders diese Frauen brauchen außer den Östrogenen auch die anderen vom Eierstock gebildeten Hormone, die unter dem Begriff Gestagene bekannt sind. Sie werden auch als Gelbkörperchenhormone bezeichnet und dienen vor allem der biologischen Absicherung einer Schwangerschaft.

Auch die frühzeitige operative Entfernung der Gebärmutter erhöht das Osteoporose-Risiko. Es wurde festgestellt, daß sich die Durchblutung der Eierstöcke nach der Operation verschlechtern kann.

Wie lange sollten Östrogene eingesetzt werden?

Es gibt unterschiedliche Auffassungen über den Zeitraum des Östrogen-Einsatzes. Während viele Frauenärzte dafür stimmen, grundsätzlich allen Frauen ab der Menopause für mindestens zehn Jahre Östrogene und Gestagene zu geben, möchten die „Knochenforscher" (Osteologen) nur diejenigen 30% Frauen durch spezielle Untersuchungen herausfinden, die zur Osteoporose neigen. Lediglich sie sollen dieser Langzeitbehandlung unterzogen werden.

Auch die Dauer eines Östrogen-Einsatzes kann beim derzeitigen Stand der Forschungen noch nicht endgültig festgelegt werden.

Wer sollte mit Östrogenen behandelt werden?

In der Vergangenheit gab es bisweilen Empfehlungen, alle Frauen nach den Wechseljahren quasi vorbeugend mit Östrogenen zu behandeln. Dabei wurde jedoch außer acht gelassen, daß nicht alle Frauen an Osteoporose erkranken.

Es ist also sehr fraglich, ob trotz eines gewissen Risikos alle Frauen mit Östrogenen versorgt werden sollten. Vielmehr kommt es darauf an, daß in jedem Einzelfall sehr gründlich überlegt wird, ob Östrogen verabreicht werden muß.

Da jede Frau anders auf eine Östrogen-Therapie reagiert, sollten alle Vor- und Nachteile der Östrogen-Behandlung in einem vertrauensvollen Gespräch zwischen Arzt und Patientin sorgfältig abgewogen werden. Wichtig für eine Entscheidung ist selbstverständlich auch die Konstitution der Frau.

Warum helfen Fettpölsterchen?

Frauen, die viel Sport treiben und kräftige Muskeln haben, können trotz ihres normalen Körpergewichts zuwenig Körperfett besitzen. Ähnlich ist es auch bei Magersüchtigen oder bei Frauen, die schnell viel abgenommen haben.

US-amerikanische Wissenschaftler fanden heraus, daß das Fettgewebe die weibliche Fruchtbarkeit beeinflußt. Fettzellen verwandeln männliche Hormone, die Androgene, in weibliche, in Östrogene. Das weibliche Fettgewebe ist ein wichtiger Speicher für Östrogene. Der Bluttransport der weiblichen Geschlechtshormone ist vom Körpergewicht abhängig. Übertrieben ausgdrückt heißt das, je mehr Fettgwebe, desto besser kann Östrogen an die Transporteiweiße im Blut gebunden werden. Wer mehr Fett hat, bildet auch noch eine Art „Ersatzhor-

Das Fettgewebe beeinflußt die weibliche Fruchtbarkeit.

mon", das Katecholöstrogen, eine schwach wirksame Form des weiblichen Geschlechtshormons.

Bei starker Gewichtsabnahme wird ein Hormon aus dem Gehirn gebremst, das die natürliche Fruchtbarkeit der Frau steuert. Dann kann die regelmäßige Eiproduktion in den Eierstöcken ausbleiben. Diese Frauen leiden unter fehlenden Monatsblutungen.

Dies verdeutlicht, daß eine zu schlanke Figur für die Gesundheit der Frau nicht immer vorteilhaft ist. Leider ist dieses Wissen jedoch nicht mit den „modernen", von den Medien intensiv propagierten Idealen einer „absolut schlanken Linie" in Einklang zu bringen.

Im Zusammenhang mit den Erkenntnissen über die sogenannten Fettpölsterchen entwickelte man eine einfache Meßmethode der Hautdicke, um Aufschluß über das Risiko der Osteoporose bei Frauen zu erhalten. Während man früher mit einfach gebauten Meßgeräten (Caliper-Methode) die Hautfaltendicke bestimmte, soll mit modernen Ultraschallgeräten eine wesentliche Verbesserung der Meßgenauigkeit zu erreichen sein.

Welche Wirkung hat die Östrogenbehandlung?

Die ersten Erfolge stellen sich relativ rasch nach Einnahme von Östrogenpräparaten ein. Die typischen Beschwerden in den Wechseljahren, wie zum Beispiel Hitzewallungen, können reduziert werden oder verschwinden sogar ganz. Spätere Hautveränderungen können vermieden, Gelenk- und Rückenschmerzen weitgehend gebessert werden.

Die Wirkung einer Östrogen-Therapie stellt sich relativ schnell nach dem Beginn der Behandlung ein.

Wird bereits relativ frühzeitig mit der Einnahme von Östrogenen begonnen, kann bei gefährdeten Frauen das Osteoporose-Risiko deutlich reduziert werden. Knochenbrüche als Folge von Osteoporose treten dadurch seltener auf.

Welche weiteren Erkenntnisse bietet die Forschung?

Es ist überaus interessant zu sehen, wie Frauen in anderen Erdteilen mit den Problemen während der Wechseljahre umgehen. Kalifornische Frauenärzte versuchten herauszufinden, warum beispielsweise in ländlichen Gegenden Mexikos die Maya-Frauen keine klimakterischen Beschwerden kennen. Auch wenn sie wie andere Frauen im Alter Östrogenmangel haben und unter Knochenschwund leiden, ist die Zahl der osteoporotischen Knochenbrüche im Vergleich mit Frauen anderer Bevölkerungsgruppen geringer. Eine medizinische Erklärung für dieses Phänomen fehlt. Möglicherweise spielen hier besondere soziokulturelle Einflüsse eine Rolle. In der Maya-Gesellschaft gilt die Menopause eher als ein positiv bewertetes Ereignis, da die alternde Maya-Frau von Haushaltspflichten entlastet wird und von Schwangerschaften „befreit" ist. Sie ist bei den Mayas hoch angesehen. Andererseits spielen aber auch Umwelt, Ernährung, körperliche Aktivität und genetische Faktoren eine wichtige Rolle.

Wenn Maya-Frauen unter „westlichen" Bedingungen in Städten leben, entwickeln auch sie die üblichen Menopausebeschwerden!

Wie helfen Kälbermilzstoffe?

Noch zwei bis drei Jahre nach dem Ende der Monatsblutungen können die Eierstöcke (Ovarien) weibliche Hormone bilden, wenn auch in verminderter Menge. Es ist versucht worden, mit Stoffen, wie zum Beispiel Milzextrakten, zu arbeiten, die die Aktivität der inneren Geschlechtsorgane anregen. Dadurch werden wieder mehr Östrogene gebildet. Man spricht bei der Milzextrakt-Behandlung auch von einer Ovarien-Stimulation mit indirektem Einfluß auf den Knochenschwund. Die als Splenopeptide bezeichneten Stoffe des Milzextraktes von Kälbern haben keine hormonelle Eigenwirkung. Sie besetzen vermehrt Bindungsstellen (Rezeptoren) der Zielzellen in den Eierstöcken und reaktivieren die Östrogenbildung. Damit greifen sie in den hormonellen Regelkreis zwischen Hinranhangsdrüse (Hypophyse) und Eierstöcken ein. Gleichzeitig mit der nochmals angeregten Östrogenbildung vermindern sich die klimakterischen Beschwerden. Die Behandlung mit Kälbermilzstoffen ist ein wissenschaftlich anerkanntes Therapieprinzip, das die Zeit der Menopause um bis zu fünf Jahre hinausschieben und hohe Östrogenspiegel aufrechterhalten kann.

Die Behandlung mit Kälbermilzstoffen kann die Menopause um bis zu fünf Jahre hinausschieben.

Was können wir von den Inkas und Mayas lernen?

Von Inka-Frauen wird berichtet, daß sie mit bestimmten Pflanzenextrakten die Menopausebeschwerden mildern konnten. Auch wir kennen Pflanzen, die in den weiblichen Hormonhaushalt eingreifen. Inwieweit sie neben der Verminderung der klimakterischen Beschwerden auch einen günstigen Einfluß auf den Knochenstoffwechsel haben, muß zunächst offen bleiben. Es gibt aber auch Mischpräparate, die neben Kalziumkarbonat zusätzlich Kaliumkarbonat enthalten, das wiederum in den Knochenstoffwechsel günstig eingreifen könnte. Kalziumkarbonat aus Austernschalen scheint ein uraltes Knochenbaumittel zu sein. Archäologen fanden in Maya-Gräbern Schädel, die mit Perlmutt von Pazifikaustern „geflickt“ waren, das fest mit dem menschlichen Schädelknochen verwachsen war. Französische Forscher impften Knochenzellen mit Perlmuttpulver. Daraus bildete sich neuer Knochen, der als Knochenersatz für Patienten verwendet und besser als Titan vom Körper angenommen wurde. Anderen Wissenschaftlern gelangen ähnlich gute Erfolge mit zermahlenen Korallenschalen. Nach einem ähnlichen Prinzip werden Mischpräparate aus Knochen verwendet, die neben Kalzium Knochenwachstumsstoffe enthalten.

Auch Stoffe, die nicht zu den klassischen Präparaten der Schulmedizin zählen, haben in anderen Kulturen ihre Wirkung auf den Stoffwechsel gezeigt.

Welche Medikamente gibt es noch?

Neben den bislang beschriebenen Hormonpräparaten ist die Forschung natürlich um weitere Verbesserungen und Neuerungen bemüht. Der Entwicklungsprozeß eines Medikaments, das wenig Nebenwirkungen aufweist, ist lang und bedarf einer differenzierten Erprobung.

Forscher arbeiten ununterbrochen an Verbesserungn und Neuerungen von Hormonpräparaten.

In jüngster Vergangenheit sind mehrere neue medikamentöse Behandlungsmöglichkeiten untersucht worden, deren Wirksamkeit im Vergleich zu den bislang bekannten Substanzen aber meist noch nicht abschließend bewertet werden kann.

Zu den Stoffen, die sich in der Erprobung befinden, gehören mehrere sogenannte Antiöstrogene sowie Siliziumverbindungen und Strontiumsalze.

Was ist Tamoxifen?

Tamoxifen ist ein weißes, geruchloses, kristallines Pulver, das seit Anfang der 70er Jahre eingesetzt wird. Es handelt sich hier um einen chemischen Stoff, der zur langfristigen Nachbehandlung von brustkrebsoperierten Frauen eingesetzt wird.

Die fördernde Wirkung von Östrogen auf das Krebswachstum der Brustdrüsen wird durch Tamoxifen so stark abgebremst, als ob eine beidseitige Eierstockentfernung erfolgt sei. Man bezeichnet Tamoxifen daher auch als Antiöstrogen.

Es hemmt gezielt die Wirkung von Östrogen an der Krebszelle, wo es wegen des ähnlichen chemischen Aufbaus an den Östrogenbindungsstellen (Östrogenrezeptoren) andockt. Damit fehlt dem Östrogen der Ankerplatz, von dem aus es in der Karzinomzelle wirken könnte. Das Tamoxifen besetzt also den „Arbeitsplatz“ des Östrogens, und das bösartige Zellwachstum wird auf diese Weise unterbrochen.

Wie kann Tamoxifen bei Knochenschwund wirken?

Die Wirkungsweise von Tamoxifen ist scheinbar widersprüchlich. Es hemmt die Wirkung von Östrogenen und fördert doch den Knochenaufbau.

Rein theoretisch müßte ein Östrogen-Gegenstoff auch die östrogene Wirkung am Knochen aufheben. Interessanterweise ist dies aber nicht der Fall. Im Gegenteil: Tamoxifen stimuliert das Knochenwachstum, und dies besonders bei Frauen zwischen dem 60. und 70. Lebensjahr, also in einem Alter, in dem sie schon lange in der Menopause sind.

Diese Patientinnen sprechen auch besonders gut bei der Brustkrebsnachbehandlung auf Tamoxifen an. Daß Tamoxifen am Knochen etwas bewirkt, beweisen gelegentlich auftretende Knochenschmerzen, wie man es vom Beginn einer Fluoridbehandlung her kennt. Trotzdem können unter Tamoxifen Nebenwirkungen ähnlich den Wechseljahrbeschwerden auftreten.

Eigenartig ist auch, daß Tamoxifen an der Gebärmutter als „Östrogen-Agonist" wirkt, also gleichartige Veränderungen an der Gebärmutterschleimhaut wie Östrogene hervorrufen kann.

Das ist auch der Grund dafür, daß Frauen während einer Tamoxifen-Langzeitbehandlung regelmäßig frauenärztlich auf Gebärmutterveränderungen untersucht werden müssen.

Warum ein Stoff wie Tamoxifen einmal gegen und einmal mit Östrogen arbeitet, also antiöstrogen an den Brustdrüsen und östrogenartig an Gebärmutter und Knochen wirkt, weiß man nicht.

Man kann Tamoxifen in seiner Wirkung mit einem der üblichen Östrogen-Gestagen-Mischpräparate vergleichen. Es ist bekannt, daß Frauen, die an Brustkrebs operiert wurden und regelmäßig Tamoxifen einnahmen, wesentlich seltener an der Knochenschwundkrankheit litten, als das bei unbehandelten Brustkrebsoperierten der Fall war.

Wie wichtig sind Vitamine?

Vitamine sind sehr unterschiedliche Substanzen, die für den Stoffwechsel der meisten Tiere und des Menschen von großer Bedeutung sind. Sie müssen zumeist ständig mit der Nahrung zugeführt werden. Eine besonders wichtige Vitamingruppe für die Osteoporose-Behandlung ist die sogenannte Vitamin-D-Gruppe. Das Vitamin D_3 muß ausreichend vorhanden sein, um die Gesundheit der Knochen zu erhalten.

Was leistet die Sonne?

Vitamin D_3 wird aus mit der Nahrung zugeführten Vorstufen normalerweise durch die Sonneneinstrahlung in der Haut gebildet, und zwar in ausreichender Menge. Das aber ist für viele Menschen auch schon das Problem. Alte Menschen sind gebrechlicher und gehen weniger an die frische Luft. Auch setzen sie sich im Sommer weniger der Sonne aus. Letzteres gilt auch für Frauen islamischen Glaubens. Menschen in südlichen Ländern schützen sich vor einer zu intensiven Sonneneinstrahlung und der Gefahr des Sonnenbrandes durch verhüllende Kleidung. In unseren mitteleuropäischen Breiten reicht die geringe Sonneneinstrahlung für eine ausreichende Vitamin-D-Bildung in der Haut oft nicht aus. Hier müssen die Vitamin-D_3-Vorstufen vermehrt mit der Nahrung eingenommen und mit zusätzlichem Licht „bearbeitet" werden. Es gibt noch keine eingehenden Untersuchungen darüber, ob dunkelhäutige Menschen auch an vorzeitiger Osteoporose leiden. In der Literatur finden sich nur gelegentliche Hinweise darauf, daß Menschen, die aus sonnenreichen Gebieten in Afrika, Asien oder Lateinamerika stammen und in unseren Breiten leben, Vitamin D verordnet werden muß. Die dunklere Haut fängt die für die Vitamin-D-Bildung wichtigen UV-Strahlen bereits in den oberflächlichen Hautschichten ab. Dies hängt mit der größeren Zahl von Pigmentzellen zusammen. Sie schützen in der Wüstensonne vor Sonnenbrand. Aber dies verhindert in unseren Breiten auch die ausreichende Vitamin-D-Bildung der Haut. Kritische Wissenschaftler fordern deshalb, diesen Menschen vorsorglich Vitamin D in jährlich ausreichenden Mengen zu verordnen, wenn sie dauerhaft in unserer Region bleiben wollen.

Vitamin D fördert die Kalziumaufnahme im Darm und den Kalziumeinbau in die Knochenmasse.

Was bewirkt Vitamin D_3?

Das fettlösliche Vitamin D_3 spielt eine nicht zu unterschätzende Rolle bei der Osteoporose-Behandlung. Es gehört zu den sogenannten antirachitischen Vitaminen. Verschiedene Vorstufen von Vitamin D und verschiedene Vitamin-D-Formen sind der Wissenschaft bekannt. Wesentliche Vitamin-D-Träger sind Fisch, Milch und Eigelb. Vitamin D fördert die Kalziumaufnahme im Darm und den Kalziumeinbau in die Knochenmasse. Wenn gleichzeitig mit Fluor ein Vitamin-D-Abkömmling eingenommen wird, läßt sich die Fluoridwirkung am Knochen um 24% steigern. Der Knochenanbau erfolgt dabei nicht nur an den Knochenbälkchen (Spongiosa), sondern auch am kompakten Randknochen (Kompakta). Eine Mengenangabe der Vitamin-D-Behandlung ist auch hier nicht sinnvoll. Notwendig ist eine individuelle Therapie, die zum Beispiel auch die jährliche Sonneneinstrahlung auf den Körper berücksichtigen muß. Die übliche vorsorgliche Menge von Vitamin D beträgt 1000 bis 2000 Internationale Einheiten (IE).

Nach heutigen Erkenntnissen wird eine medikamentöse Vierfach-Therapie der Osteoporose bevorzugt. Sie besteht aus den Komponenten Kalzium, Fluoride, Östrogene und Vitamin D. An rund 1000 Frauen mit Osteoporose wurde diese Kombination bereits erprobt. Man stellte fest, daß die Knochendichte eindeutig zunahm und die Knochenbruchrate sank.

Wie wichtig ist Kalzitonin?

Seit Ende der 80er Jahre wird körperfremdes Kalzitonin bei Osteoporose-Patientinnen zu therapeutischen Zwecken angewendet. Es ist das Kalzitonin, das aus den sogenannten C-Zellen der Schilddrüse von Tieren (Lachs, Schwein) gewonnen wird. Man weiß mittlerweile, daß diese C-Zellen auch im menschlichen Gehirn vorkommen.

Die endgültige Bedeutung des Kalzitonins für den physiologischen Knochenaufbau und die pathologischen Knochenveränderungen ist im einzelnen noch nicht vollständig geklärt.

Was ist Kalzitonin?

Kalzitonin ist chemisch gesehen ein Polypeptid mit Hormonwirkung, das als Gegenstück zum bereits näher beschriebenen Parathormon wirkt. Es senkt den Kalzium- und Phosphatspiegel im Blut und vermindert den Knochenabbau.

Kalzitonin wurde 1961 „entdeckt". Es besteht aus 32 Aminosäuren mit einer sogenannten endständigen Zystinbrücke.

Was bewirkt Kalzitonin?

Kalzitonin hemmt die Knochenabbauzellen und aktiviert die Knochenaufbauzellen.

Östrogene wirken im Körper nur indirekt. Sie regen – wie in den vorigen Kapiteln dieses Buches bereits beschrieben wurde – die Bildung und Ausschüttung von Kalzitonin an.

Dieser Stoff wirkt im menschlichen Körper in mehrfacher Hinsicht. So sorgt er zentral im Gehirn dafür, daß Schmerzempfindungen gebremst werden. Peripher wirkt er im Knochen. Dort hemmt er die Knochenabbauzellen und aktiviert die Knochenaufbauzellen. Außerdem steigert Kalzitonin die Kollagenherstellung für die Knochenfasern, die Fibrillen.

Dieser Einfluß erklärt, weshalb die Knochenmasse unter einer Kalzitonin-Behandlung zunimmt. Kalzitonin wird als Nasenspray oder als Spritze verabreicht. Auch hier muß jedoch wieder eindringlich auf die individuelle, also von Fall zu Fall sinnvolle Medikamentenmenge geachtet werden. Für jeden Patienten muß der Arzt ein eigenständiges Konzept entwickeln, damit ein größtmöglicher Erfolg der Behandlung gewährleistet werden kann.

Kalzitonin ist noch Gegenstand intensiver Forschung.

Für wen eignet sich die Kalzitonin-Behandlung?

Osteoporose-Forscher stellten einen besonders guten Erfolg bei Menschen mit einem vergleichsweise schnellen Knochenabbau fest.

Durch spezielle Untersuchungen läßt sich bereits eingrenzen, für wen die – nicht ganz billige – Kalzitonin-Behandlung geeignet ist. Es handelt sich dabei meist um Osteoporose-Kranke, bei denen diese Krankheit besonders schnell fortschreitet und der Knochenschwund intensive Schmerzen bereitet.

Welche Nebenwirkungen sind bisher bekannt?

Die Wirkung von Kalzitonin gilt heute in der Wissenschaft als weitgehend gesichert, auch wenn selbstverständlich noch weitere Studien notwendig sind, um offene Fragen zu klären.

Kalzintonin wird im Körper relativ schnell abgebaut. Bekannt sind einige unerwünschte Nebenwirkungen, die oftmals durch eine Reduzierung der Dosis behoben werden können.

Toxische Effekte sind bislang nicht bekannt. Bei geringen Dosierungen treten jedoch im allgemeinen praktisch keine Nebenwirkungen auf.

Welche medikamentösen Alternativen sind bekannt?

Neben den bislang beschriebenen Medikamenten sind in den vergangenen Jahren auch weitere Alternativen wissenschaftlich zur Osteoporose-Behandlung herangezogen worden. Da die Forschung noch jung ist, sind meist noch keine abschließenden und endgültigen Resultate der neuen Erkenntnisse zu erwarten.

Wird Etidronsäure zum Hoffnungsträger?

Wissenschaftler stellten fest, daß Etidronsäure zur Knochendichte und Knochenfestigkeit beiträgt.

Im Mai 1990 sorgten amerikanische Wissenschaftler für einiges Aufsehen. Sie legten Ergebnisse über die erfolgreiche Behandlung der Osteoporose mit einem neuen Stoff, der Etidronsäure, vor. Nun kannte man diese Medikamentengruppe als Biophosphonate schon seit etwa 15 Jahren. Sie wurden bei einer besonderen Form der Knochenkrankheit, beim Morbus Paget, einer „umschriebenen Osteoporose", seit längerem eingesetzt. Nach zweijähriger Erprobung an Frauen mit Osteoporose stellten die Wissenschaftler fest, daß unter Etidronsäure Knochendichte und Knochenfestigkeit erheblich zunahmen, ja, daß der Knochenschwund zum Teil sogar rückläufig war. Diese Behandlung scheint wirksamer zu sein als die mit Hormonen oder Fluoriden. Dabei ließen sich bislang keine schwerwiegenden Nebenwirkungen feststellen. Man vermutet – ähnlich wie für das Kalzitonin – einen Bremseffekt auf die Knochenfreßzellen. Unterdessen geht man sogar so weit und behauptet, daß Biphosphonat bei der Therapie der Knochenschwund-Krankheit das Mittel schlechthin sei oder zumindest werden könnte. Bei den Behandelten nahm die Knochendichte um 5 % zu. Es traten 50 % weniger Brüche der Wirbelkörper auf. Der Behandlungsstoff wurde sehr gut vertragen, so daß sich große Hoffnungen damit verbinden, daß ein neues Osteoporose-Medikament gefunden wurde. Möglicherweise wird dieses Mittel besonders gut zur Vorbeugung des Knochenschwundes verwendet werden können.

Wie bei jeder Therapie muß aber auch bei diesem Stoff gesagt werden, daß es sich nicht um ein Schnellverfahren zur Bekämpfung der Osteoporose handelt. Der Erfolg läßt sich erst nach zwei oder mehr Jahren feststellen. Unter Einfluß von Etidronsäure nimmt die Knochendichte mehr zu als unter der Zufuhr von Hormonen. Außerdem lassen sich Knochenbrüche besser vermeiden als bei Einnahme von Fluoriden.

Was bewirken wassertreibende Tabletten?

Wassertabletten treiben überschüssiges Gewebewasser über die Nieren aus dem Körper. Das gelingt dadurch, daß sie nicht das Wasser direkt, sondern vielmehr das Kochsalz aus dem Körper entfernen. Und mit diesem Kochsalz, genauer mit seinem Bestandteil Natrium, fließt verstärkt Wasser ab. Neben Kochsalz verliert der Körper durch die wassertreibende Tablette auch andere Stoffe, wie Kalium, Magnesium und Kalzium. Es könnte also sein, daß alte Menschen, die mit diesem Medikament behandelt werden, zuviel Kalzium ausscheiden. Diese Tabletten werden gegen Bluthochdruck oder gegen Herzmuskelschwäche verordnet. Möglicherweise sind wassertreibende Medikamente daran beteiligt, daß nicht nur Frauen, sondern auch viele ältere Männer an Osteoporose leiden. 1987 stellten Mediziner zufällig fest, daß es eine Gruppe von Wassertabletten gibt, die einen ausgesprochenen Kalzium-Spareffekt haben. Diese Mittel werden Thiazide oder Thiazid-Diuretika genannt. Das Untersuchungsergebnis beim Knochenschwund war verblüffend. Mit der Dauer der Thiazid-Einnahme ging die Häufigkeit der Knochenbrüche durch Osteoporose eindeutig zurück.

Untersuchungen zeigten, daß mit fortdauernder Einnahme bestimmter hormontreibender Medikamente, z. B. Thiazide, die Häufigkeit der Knochenbrüche durch Osteoporose zurückging.

Wie werden Osteoporose-Schmerzen behandelt?

Bei Osteoporose-Schmerzen handelt es sich nicht um Knochen-, sondern um Weichteilschmerzen. In der ärztlichen Praxis zeigt sich immer wieder, daß nicht jeder Mensch, der typische Osteoporose-Zeichen aufweist, auch über Beschwerden wie etwa Rückenschmerzen klagt.

Zur Verhütung, aber auch zur Behandlung gibt es eine Vielzahl von Empfehlungen, auch auf dem Gebiet der sogenannten balnea-physikalischen Medizin. Dazu gehören Massagen, Bewegungsübungen, Krankengymnastik, Rückenschulung, Ergotherapie, Wärmeanwendungen, Elektrotherapie und vieles andere mehr.

Seit sich unser Blick für medizinische Dinge auch Richtung Osten gewandt hat, erfreuen sich fernöstliche Bewegungsübungen wie Tai-Chi oder Qi-Gong besonderer Beliebtheit. Bei all diesen Maßnahmen begrenzt jedoch der mit der Behandlung selbst ausgelöste Schmerz das Maß des Einsatzes.

Interessanterweise haben reine Beugeübungen für die Wirbelkörper – wie in einer Untersuchung festgestellt wurde – ein Bruchrisiko von 89 %. Dagegen führen Dehnungsübungen in nur 16 % zu solchen Knochenbrüchen. Bei Beuge- und Dehnübungen zusammen treten in 53 % Wirbelkörperbrüche auf.

Was tun bei Osteoporose-Schmerz?

Auch Massagen können den Osteoporose-Schmerz lindern.

Neben den eben erwähnten, meist aktiven Maßnahmen gibt es eine Reihe passiver, die den Schmerz lindern oder beseitigen sollen.

Dabei stehen die verschiedenen Massagetechniken bis hin zur Unterwassermassage oder fernöstliche Methoden an erster Stelle. Hierzu gehören auch elektrotherapeutische Anwendungen, wie das Stangerbad oder die Niederfrequenzbehandlung. Wenn aber die Schmerzen so ausgeprägt sind, daß bereits leichteste Massagen sie eher noch verstärken, dann muß der Arzt auch Medikamente einsetzen, bis weitere passive und aktive Maßnahmen vertragen werden.

Was bringt die Neuraltherapie?

Die Neuraltherapie, auch Heilanästhesie genannt, ist als vegetative Umstimmungsbehandlung bereits seit dem 19. Jahrhundert bekannt und fester Bestandteil der Naturheilkunde.

Die Neuraltherapie bringt vor allem bei Weichteilschmerzen der Osteoporose gute Ergebnisse.

Je nach Behandlungsart wird ein schwach konzentriertes örtlich wirkendes Betäubungsmittel in einen sogenannten Schmerzpunkt, in ein Körpersegment oder in Narben eingespritzt. Durch komplizierte nervale Vorgänge läßt sich eine Schmerzfreiheit vor allem dann erreichen, wenn funktionell-nervöse Ursachen für die Schmerzen vorliegen. Dies bezieht sich insbesondere auf die Weichteilschmerzen der Osteoporose. Eine Heilung der Knochenschwundkrankheit läßt sich damit allerdings nicht herbeiführen.

Wie wichtig ist Akupunktur?

Die wohl älteste Art, Schmerzen zu behandeln, ist die in China entwickelte Nadelakupunktur. Auch hierbei wird an bestimmten Körperstellen mit Nadeln eingestochen, im Gegensatz zur Neuraltherapie wird jedoch nichts eingespritzt.

Die Akupunktur ist die älteste Art, Schmerzen – auch bei der Knochenschwundkrankheit – zu verringern.

Die seit rund 4000 Jahren systematisch betriebene Akupunkturnadelung ist die wohl am längsten angewandte Schmerzbehandlung überhaupt. Sie wird auch bei Tieren erfolgreich eingesetzt, was beweist, daß ihre Wirkung nicht etwa auf Einbildung oder Hypnose beruht. Dennoch tut sich die Schulmedizin immer noch schwer, sie als eine mögliche Behandlungsvariante anzuerkennen.

Nutzen und Gefahren der Medikamente

Auf den folgenden Seiten finden Sie in tabellarischer Übersicht die wichtigsten Medikamente, die bei Osteoporose angewendet werden. Es handelt sich bei dieser Auflistung allerdings um eine grobe Orientierung, die keineswegs die Empfehlungen Ihres Arztes ersetzen kann.

Medikamentengruppe	Wirkungsweise	Bevorzugte Anwendung bei
Biphosphonate	Hemmung der Osteoklastenaktivität (Knochenfreßzellen); Anlagerung an mineralische Knochensubstanz	High-turnover-Osteoporose (Osteoporose mit erhöhtem Knochenumbau); Paget-Erkrankung; bösartigen Skelettdestruktionen. Grundsätzlich für breite Anwendung geeignet
Kalzitonin	Hemmung der Osteoklastenaktivität (Knochenfreßzellen); schmerzlindernd	High-turnover-Osteoporose, insbesondere wenn Knochendichte um mehr als 1 % alle 6 Wochen absinkt. Grundsätzlich für breite Anwendung geeignet
Kalzium	Aufbausubstanz für Knochengewebe; Erhöhung des Serumkalziumspiegels	Nahezu allen Formen der Osteoporose; insbesondere bei latentem Kalziummangel. Als Standardmittel gegen fast alle Osteoporoseformen allgemein anerkannt
Fluoride	Anregung von Osteoblasten (Knochenaufbauzellen)	Patienten, die Fluoride bereits längere Zeit eingenommen und gut vertragen haben und von der Therapie profitieren

Therapie-dauer	Neben-wirkungen	Vorsicht!
Kurzzeitig und zyklisch	Bei zu langer Anwendung ist auch eine Hemmung der Osteoblastenaktivität (Knochenaufbauzellen) möglich	Bei zu langer Anwendung ist auch eine Hemmung der Osteoblastenaktivität möglich
Einige Wochen, anschließend Pause	Flush (Hitzegefühl und vorübergehende Rötung im Gesicht durch örtliche Gefäßerweiterung). Magen-Darm-Störungen mit Schwindel und Brechreiz	
Bei richtiger Dosierung über längere Zeit möglich	Bei Beachtung der richtigen Dosierung und eventueller Gegenanzeigen kaum unerwünschte Wirkungen	Bei vermehrter Kalziummenge im Harn, bei Einnahme bestimmter herzwirksamer Arzneimittel, akutem Schub einer Immobilisationsosteoporose (Osteoporose bei zu geringer Beanspruchung, z. B. bei Bettlägrigkeit oder ruhiggestellten Gliedmaßen)
Bis zu einigen Jahren	Knochenschmerzen, insbesondere im Bereich der Sprunggelenke, Knie, Hüften; Fluorose (exzessive Knochenmassenvermehrung) bei zu hohen bzw. zu lange verabreichten Fluoridgaben; Magen-Darm-Beschwerden	Bei Nierenfunktionsstörungen, Magengeschwüren, Knochenerweichung, Schwangerschaft

Medikamentengruppe	Wirkungsweise	Bevorzugte Anwendung bei
Parathormon	Anregung des Knochenaufbaus	Einsatz bei verschiedenen Osteoporoseformen wird derzeit klinisch erprobt
Vitamin-D_3-Präparate	Verstärkung der Kalziumaufnahme aus dem Darm	Anwendung bei zusätzlicher Einnahme zu anderen Osteoporosemedikamenten
Sexualhormone*	Hemmung der Osteoklastenaktivität (Knochenfreßzellen)	High-turnover-Osteoporose (Osteoporose mit vermehrtem Knochenumsatz), zum Beispiel postmenopausaler Osteoporose

*Bezieht sich auf Östrogene; wenn die Frau noch Gebärmutter und Eierstöcke hat, muß die Einnahme von Östrogenen mit Gestagenen kombiniert werden.

Therapiedauer	Nebenwirkungen	Vorsicht!
Kurzfristig	Noch in Erprobungsphase	Möglicher Verlust von kortikalem Knochen. Noch nicht für eine breite Anwendung außerhalb von Spezialzentren geeignet
Nur kurzfristig; längere Therapiedauer nur bei niedriger Dosierung und entsprechendem Therapieerfolg	Magen-Darm-Beschwerden, erhöhter Kalziumspiegel im Blut, Veränderung der Nierenfunktion. Auf Grund der Fettlöslichkeit und der möglichen Speicherung im Körpergewebe ist sehr genau auf Dosierung und Therapiedauer zu achten; vermehrte Kalzium-Mobilisierung aus den Knochen möglich	Bei nicht fachgerechter Anwendung vermehrte Kalzium-Mobilisierung aus den Knochen möglich. Anwendung nur im Rahmen eines vorausgeplanten Therapiekonzeptes
Beginn der Therapie nach Aufhören der Regelblutung. Anwendung über mehrere Jahre möglich	Spannungsgefühl in der Brust, vaginale Blutungen, Hautreaktionen bei Verwendung von Östrogenpflastern, Kopfschmerzen, depressive Verstimmung, Übelkeit, Schwindel, Ödeme	Darf nicht angewendet werden bei Schwangerschaft, Vorliegen gynäkologischer Tumoren, deren Wachstum durch vermehrte Östrogenzufuhr gefördert wird. Grundsätzlich: Eine Östrogentherapie ist nur nach frauenärztlicher Untersuchung erlaubt

Was kann ich selbst tun?

Früher herrschte die Meinung vor, daß die Bildung eines Buckels, Rückenschmerzen und Knochenbruchgefahr das Los des Alters sind. Heute weiß man, daß etwas gegen Knochenschwund getan werden kann. Das, was wir in Eigenregie zur Verhütung des Knochenschwundes und zur Gesundhaltung des Knochens beitragen können, ist dabei Prophylaxe (Vorsorge) und Therapie (Behandlung) zugleich. Eine Umstellung der Ernährung auf „knochengesunde" Rezepte und altersangepaßte Bewegung sind Möglichkeiten, um selbst etwas zu tun.

Wie kann ich der Osteoporose vorbeugen?

So selbstverständlich viele Verhaltensweisen zur Vorbeugung der Osteoporose sind, so wenig werden sie im Alltag berücksichtigt. So lassen wir uns lieber bewegen (mit dem Auto), als uns selbst zu bewegen. An ein wichtiges Naturgesetz sei hier erinnert: Ein Organ oder Körperteil schrumpft, wird kleiner oder schwächer, wenn es gar nicht mehr oder nur vermindert benutzt oder bewegt wird. Wer mal einen Armbruch erlitten hat, weiß, wie dünn der verheilte Arm geworden ist und wie schwach die Muskulatur erscheint. Der Patient weiß auch, wie lange es dauert und wie mühevoll das Training ist, bis sich der Arm wieder in allen Gelenken schmerzfrei bewegen läßt. Noch länger dauert es, bis die alte Muskelkraft wiederhergestellt ist. Das gesamte Gewebe, die Knochen, Sehnen, Kapseln und die Muskulatur werden durch eine Ruhigstellung des Armes im Gipsverband auf das Maß verringert, das gerade noch „zum Leben in Schonung“ nötig ist.

Durch die völlige Stillegung der Armknochen wird ihre Masse um wöchentlich etwa 1 % abgebaut. Dies entspricht der Abbaurate von Knochensubstanz bei Astronauten, wenn sie in der Schwerelosigkeit des Alls in ihrem Raumschiff um die Erde kreisen. Neben der Bewegung kommt der „knochengesunden“ Ernährung eine Schlüsselrolle in der Vorbeugung der Osteoporose zu.

Ernährung und Bewegung spielen eine zentrale Rolle bei der Vorbeugung der Krankheit.

Welche Chancen gibt es?

Wir wissen heute, daß wir eine echte Chance haben, dem Knochenschwund zu begegnen. Dabei ist es besonders wichtig, mit der Vorsorge nicht erst im Alter zu beginnen, sondern bereits in der Kindheit und Jugend. Ausreichend Bewegung und eine ausgewogene Kost tragen in den ersten zwei Jahrzehnten dazu bei, daß genügend

Ein Osteoporose-Kranker muß nicht verzweifeln: Man kann etwas gegen Knochenschwund tun!

Knochenmasse aufgebaut wird und Muskulatur und Sehnen optimal gekräftigt werden. Es ist also möglich, schon frühzeitig einiges zu tun, um der Krankheit vorzubeugen. Aber auch im Alter ist es noch nicht zu spät. Gymnastische Übungen, die mit dem Arzt abgesprochen werden müssen, können zur Kräftigung des Skeletts beitragen. Dabei darf das sportliche Programm natürlich nicht übertrieben werden, da sonst ebenfalls Schädigungen auftreten können. Auch mit bewußter Bewegung im Alltag kann jeder einzelne dem Knochenschwund entgegenwirken und die Gefahr des Knochenbruchs weitgehend vermeiden. Richtiges Heben, richtiges Sitzen, richtiges Tragen helfen, schonend mit sich und seinen Knochen umzugehen. Auch eine Umstellung der Ernährung – selbst wenn sie erst im Alter erfolgt – dient nicht nur der Stärkung des gesamten Organismus, sondern wirkt vor allem auch kräftigend für Muskulatur und Knochen. Vollwertige Ernährung ohne strenge und schnelle Diäten ist notwendig. Damit ist selbstverständlich nicht gemeint, daß man sich nur von Müsli und Körnern ernähren muß. Das richtige Maß und eine ausgewogene Zusammenstellung von Lebensmitteln, die wichtige Mineralstoffe enthalten, ist ganz entscheidend.

Welche Grenzen muß ich akzeptieren?

Bei all den Möglichkeiten, die es gibt, der Osteoporose zu begegnen, dürfen aber auch keine falschen Hoffnungen geweckt werden. Es gibt Grenzen, die wir nicht ohne weiteres überschreiten können. So ist es nahezu unmöglich, exakt den Erfolg von Prophylaxe im Einzelfall zu bestimmen. Auch wer sich sein Leben lang immer gesund ernährt und ausreichend Sport betrieben hat, kann im Alter an Osteoporose erkranken. Nicht jedes Risiko kann durch Ernährung und Bewegung ausgeschlossen werden.

Wie sieht mein tägliches Bewegungsprogramm aus?

Die knochenbildenden Zellen, die Osteoblasten, werden durch Muskelbewegung verstärkt angeregt. Maßvolle sportliche Aktivität steigert also Muskel- und Knochenmasse. Zusätzlich wird die allgemeine Abwehrkraft gefördert. Sinnvolle Bewegungsübungen mit altersangepaßten Belastungen sind immer richtig, wenn keine akuten Knochenbrüche oder andere einschränkende Erkrankungen oder Verletzungen bestehen.

Man muß bedenken, daß ältere Menschen, um die es sich bei der Osteoporose-Therapie hauptsächlich handelt, nicht mehr so gelenkig sind wie junge. Deshalb bedarf es bei der Krankengymnastik viel Einfühlungsvermögens durch die Kursleiter.

Überfordern sie das seelische Wollen und körperliche Können eines Kranken, dann kommen rasch Mißmut, Unvermögen und Nichtwollen auf und verwehren einen Therapieerfolg.

Man darf nicht vergessen, daß es bei Osteoporose um eine Langzeitkrankheit, demnach immer auch um eine Langzeitbehandlung geht. Für die meisten Bewegungsprogramme zur Vorbeugung oder Therapie gilt: Sie soll unter Anleitung eingeübt, dann aber allein – und zwar täglich (!) – fortgeführt werden.

Welchen Stellenwert hat Bewegung in der Therapie?

Schon lange bemängeln Orthopäden, die sich auf Rükkenschmerzen spezialisiert haben, gerade auch in Deutschland und Österreich die hohe Rate an Arbeitsunfähigkeit der Rückenschmerzgeplagten.

Training der Rückenmuskulatur ist wichtig, wirksam und therapeutisch wertvoll.

Man hatte festgestellt, daß jeder fünfte Patient in der Allgemeinarztpraxis und jeder zweite Patient in der orthopädischen Praxis trotz medikamentöser Behandlung,

Wärmeanwendungen und Massagen weiter über Rükkenschmerzen klagt. Man weiß aber auch seit längerem, daß monatelanges intensives Training der Rückenmuskulatur therapeutisch viermal so wirksam ist wie Wärme, Massage und leichte Krankgengymnastik zusammen.

Diese dem Naturheilarzt längst bekannten Erkenntnisse bestätigen auch dänische Mediziner mit ihren Untersuchungen: Die Behandlungserfolge waren am größten bei allen aktiven Bewegungsmaßnahmen. Schlechter schnitt dagegen die passive Therapie ab.

Dies zeigt erneut, daß alle Arten von Massagen zwar als ergänzende Behandlung und entspannende „Streicheleinheiten“ wichtig sind, daß sie aber die Eigeninitiative und Eigenaktivität der Schmerzgeplagten nicht ersetzen können.

Was sollte man beim Üben beachten?

Um wirkliche Erfolge zu erzielen, sollte man nach Möglichkeit jeden Tag trainieren. Die Erfolge stellen sich allerdings erst nach einem längeren Zeitraum ein. Für den Patienten heißt es also, nicht zu verzagen, wenn nicht schon nach wenigen Tagen die gewünschte Wirkung eingetreten ist.

Tägliche Übungen können erlernt werden und sollten mit einem Arzt abgesprochen werden.

Zur Vorsorge kann sich jeder ein Programm zusammenstellen, das persönlich auf ihn abgestimmt ist. Natürlich ist darauf zu achten, daß bei den täglichen Übungen keine Schmerzen auftreten.

Bei bereits bestehender Osteoporose müssen die Übungen selbstverständlich mit dem Arzt abgesprochen und unter fachlicher Anleitung erlernt werden. Falscher Ehrgeiz und die beliebte „Do-it-yourself-Methode“ sind hier fehl am Platz und können eher Schaden verursachen als dem guten Zweck dienen.

Tips für gymnastische Übungen

Gymnastik ist wichtig zur Vorbeugung und für den Kranken. Die folgenden Übungstips allerdings sind nur für den Gesunden gedacht. Wer bereits an Osteoporose erkrankt ist, muß unbedingt mit seinem Arzt beraten, welches Trainingsprogramm für ihn geeignet ist.

Mit dem Rücken auf den Boden liegen, die Beine leicht angewinkelt hüftbreit auseinanderstellen. Arme neben den Körper, Handflächen nach unten. Gesäßmuskeln anspannen und Becken nach oben drücken. Kurz ausharren, dann Becken wieder ablegen.

Mit dem Rücken auf dem Boden Oberkörper aufrichten und Hände an Oberschenkeln entlang bis zu den Knien schieben. Nach einigen Sekunden wieder in Ausgangslage zurück.

Auf den Rücken liegen und Knie anziehen wie im Bild oben. Jetzt die Arme langsam ausstrekken und die Knie mit den Händen berühren. Den Kopf leicht anheben.

Gehen Sie in den Vierfüßlerstand. Der Rumpf darf dabei nicht ins Hohlkreuz durchsacken. Rückenmuskulatur anspannen! Nun eine Hand heben und den Arm in Schulterhöhe gerade nach vorne strecken. Ein paar Sekunden ausharren und wieder in Ausgangslage zurückgehen. Dann dasselbe mit einem Bein.

Jetzt aus dem Vierfüßlerstand jeweils den einen Arm und das andere Bein ausstrecken. Diese Übung kräftigt die Rücken- und Beinmuskulatur und schult die Koordination.

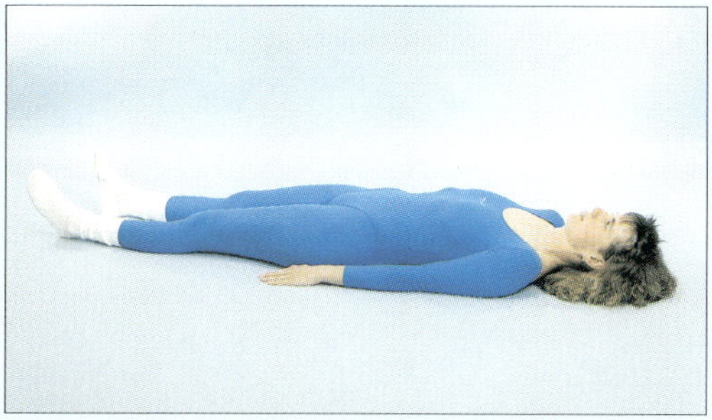

Legen Sie sich mit hüftbreit gespreizten Beinen auf den Boden; die Arme liegen mit den Handflächen nach unten rechts und links neben Ihrem Körper. Heben Sie nun den Kopf an, heben Sie das rechte Bein, und ziehen Sie es mit gebeugtem Knie zum Körper hin, bis Sie mit der linken Hand die rechte Fußspitze fassen können. Dann machen Sie dasselbe mit der rechten Hand und dem linken Bein. 8- bis 10mal wiederholen.

Haus- und Gartenarbeit – richtig gemacht

Bei Haus- und Gartenarbeit kann man mit einer falschen Arbeitshaltung dem Rücken sehr schaden. Beispielsweise beim Bettenmachen. Wenn es sich um ein großes Bett handelt, kriecht man einfach mit dem ganzen Kör-

Ob kehren oder bohren: Im Kniestand läßt sich das bequem erledigen (Abb. links), allerdings nicht so wie auf Abb. rechts!

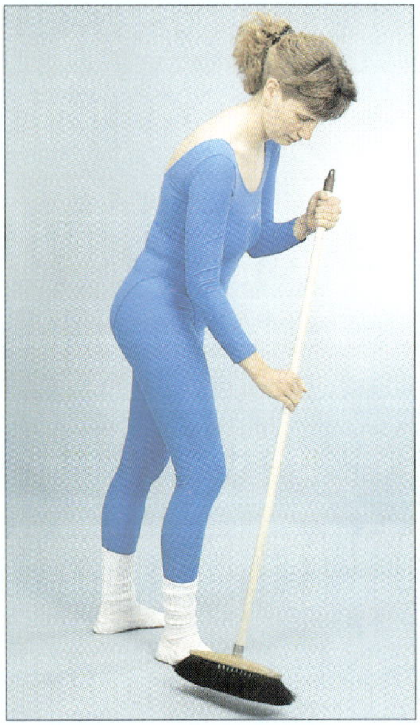

So fegt man oder geht mit dem Staubsauger um (Abb. rechts): Schrittstellung, Oberkörper gerade. Bücken (Abb. links) ist Gift für den Rücken.

per aufs Bett. Ein Bein ist dabei angewinkelt, das andere gestreckt. So hält man die Wirbelsäule mühelos gerade. Bei handwerklichen Arbeiten in niedriger Höhe kniet man mit einem Bein auf den Boden.

Beide Beine zu beugen und in die Hocke zu gehen ist auch nicht das Wahre, weil man so keinen sicheren Stand hat. Und Bücken ist außerdem eine Belastung für den Rücken.

Bücken und Heben mit gekrümmter Wirbelsäule ist tabu (Abb. oben links)! Gegraben wird mit aufrechter Wirbelsäule, in derselben Haltung fährt man eine Sackkarre.

Wie kann ich Schmerzen lindern?

Osteoporose in einem späteren Stadium ist für den Kranken oft mit heftigen Schmerzen verbunden. Neben der medikamentösen Behandlung gibt es einige wirksame Behandlungsmethoden, die nach Absprache mit dem Arzt zusätzlich helfen können.

Was bringen Massagen?

Massage ist sinnvoll und kann Teil einer Ganzheitsbehandlung sein. Sie darf allerdings nie nur Selbstzweck sein.

Bei Osteoporose-Schmerzen handelt es sich im wesentlichen um Weichteilschmerzen der Knochenhaut, der Sehnen, Bänder und Muskeln. Der Knochenmasseverlust führt zu einer muskulären Balanceveränderung zugunsten der Beugemuskulatur. Auch daraus folgt die auffällige Beugehaltung der Osteoporose-Kranken. Bevor die Eigenaktivität dieser Menschen entwickelt werden kann, müssen unter lokaler Überwärmung Massagen verschiedenster Art vorgeschaltet werden.

Bereits 4000 Jahre vor unserer Zeitrechnung wurde von den Chinesen Massage betrieben – sie stellt eine der ältesten bekannten Behandlungsweisen dar. Heute zählt die Massage zu den beliebtesten Anwendungen. Das ist verständlich, wenn man auch den zusätzlichen psychologischen Effekt einer Massage berücksichtigt. Die fremde Hand verteilt „Streicheleinheiten“ und wirkt wohltuend. Neben eher bescheidenen lokalen Massagereaktionen beeinflussen nervliche und hormonale Fernwirkungen das subjektive Empfinden des Patienten so positiv, daß die systematische Massageanwendung zum festen Bestandteil jeder Kurmaßnahme gehört. Ihr positiver Effekt wird in der Regel durch den Ortswechsel fernab der heimatlichen Gefilde noch gesteigert. Wenn die Massagebehandlung als notwendige Vorbereitung für eigenes aktives Training betrachtet wird, dient sie als guter Bestandteil der gesamten Osteoporose-Therapie.

Leider glauben manche Patienten, daß sich eigenes Training erübrigt, so daß die Gefahr besteht, Massage als Selbstzweck zu verstehen.

Welche Salben helfen gegen Osteoporose-Schmerzen?

Die sogenannten Rheumasalben enthalten im wesentlichen Stoffe, die lokale Schmerzen lindern helfen. Die einfach durchzuführende Salbenbehandlung kann in einem Therapiekonzept großen Raum einnehmen, weil sich der Patient damit nicht schaden kann; ausgenommen, er reagiert mit einer Hautallergie.

Salben können Schmerzen lindern und eignen sich gut für den Patienten.

Dann muß man selbstverständlich die allergieauslösende Salbe sofort absetzen, darf aber nach Abklingen der Hautreaktion die Behandlung mit einer anders zusammengesetzten Salbe versuchen.

Ohne auf die unterschiedliche Zusammensetzung der Rheumasalben eingehen zu wollen, kann man sagen, daß es in ihrer Wirkung kaum entscheidende Unterschiede gibt, egal, ob nun eine teure oder eine preisgünstige Salbe verwendet wird. Über den Behandlungserfolg der Salbentherapie entscheidet nicht der Preis, sondern der Inhalt einer Salbe. Kortisonsalben haben übrigens in der Behandlung der Osteoporose-Schmerzen nichts zu suchen.

Um das Eindringen der Salbenbestandteile durch die Haut zu verbessern, kann man sich der sogenannten Jontophorese bedienen. Durch Anlegen von Gleichstrom auf der Haut über dem schmerzenden Körperbereich bewegen sich die Salbeninhaltsstoffe entlang dem Stromfluß schneller in tiefere Hautschichten.

In diesem Zusammenhang soll auch an die Schmerzbehandlung mit Gleichstrom durch Niederfrequenzgeräte erinnert werden; auch sie kann unter Umständen eine sinnvolle Ergänzung sein.

Was bringen Kneippkuren?

Sebastian Kneipp lebte von 1821 bis 1897. Die Erkenntnisse des Stadtpfarrers aus Wörishofen beeinflußten nachhaltig die moderne physikalische Therapie. Kneipp entwickelte vielfältige Anwendungen mit kaltem und warmem Wasser. Darüber hinaus gab er wichtige Impulse für eine gesunde Lebensweise, die er als Voraussetzung für Gesunderhaltung und Heilung ansah. Die Therapieformen, die er entwickelt hat, sind heute auch gezielt für die Vorsorge und Behandlung von Knochenschwund-Patienten einsetzbar.

Kneipps Wasserkuren sind wissenschaftlich untermauert und werden in die moderne Therapie eingebunden.

Wie wichtig ist Wasser?

Alles Leben kommt aus dem Wasser. Und im Körper erfolgen alle Reaktionen im „wäßrigen Milieu". Warum sollte also nicht auch Wasser „von außen" am Körper wirkungsvolle Heilung bringen? Pfarrer Kneipps großes Verdienst war es, aus seiner Selbsterfahrung heraus das Wasser systematisch in die Heilkunde einzugliedern. Seit seine „Wasserkur" wissenschaftlich untermauert wurde, erlebt sie seit Jahrzehnten als „Hydrotherapie" zunehmende Beliebtheit. Es gibt kein renommiertes Krankenhaus, Sanatorium oder Kurklinikum, das nicht eine Hydrotherapie-Abteilung aufzuweisen hätte.

Was ist die Hydrotherapie?

Natürlich muß man beachten, daß keine anderen Schädigungen des Organismus vorliegen, die eine Anwendung mit Wasser verbieten. Im Zweifelsfall ist der Rat des Arztes einzuholen.

Mit ein bißchen Phantasie könnte man die Wasseranwendung als eine Art Bewegungsbehandlung im kleinen bezeichnen. Warum? In der Kneipptherapie „fließt" und „spritzt" es nur so. Denken wir nur an die vielen Arten von Wassergüssen bis hin zum sogenannten Blitzguß. Sie sorgen für Bewegung im Körper. Die Blutgefäße verengen sich bei kühlen und weiten sich bei warmen Anwendungen. Dementsprechend fließt das Blut in den Adern schneller oder langsamer. Stoffwechselprozesse werden angeregt. Der ganze Körper kommt gewissermaßen in „gesunde Wallung". Das alles ist aber auch Bewegung, Bewegung im Inneren des Körpers, die wir mit bloßem Auge nicht sehen können, wie etwa Arme- oder Beineschwingen.

Wasseranwendungen regen die Durchblutung an. Bei chronischen Schmerzen sind vor allem heiße Bäder lindernd.

Daß sich an der Haut die gewünschte Rötung nach einem Kneippguß zeigt, ist Ausdruck für die Reaktionsfähigkeit der Hautgefäße – also Bewegung.

Warum soll ich auch an meine Seele denken?

Kneippkuren beschränken sich aber nicht auf Wasseranwendungen (Hydrotherapie), zu denen im weiteren Sinne auch alle Wärmebehandlungen gehören. Gleichwertige Bestandteile des Kneipp-Konzeptes sind auch die Pflanzenheilkunde (Phytotherapie), die Bewegungstherapie, eine gesunde Ernährung und die sogenannte „Ordnungstherapie". Mit Ordnungstherapie meinte der Pfarrer Kneipp, daß Kranke auch ihre Seele und damit ihr ganzes Leben oft erst wieder „in Ordnung bringen" müssen. Er bot sich da als Beichtvater oder seelischer Beistand an, der sich um Leib und Seele gleichermaßen kümmerte.

Heute würden wir in diesem Zusammenhang eher bei der Medizin bleiben und von einer ganzheitlichen Behandlung psychosomatischer Probleme sprechen. Der Arzt hat ja auch in vielen Fällen den Beichtvater ersetzt, ob er nun will oder nicht. Psychosomatik ist die Lehre von den Wechselwirkungen zwischen Körper und Seele, und daß es die in vielen Formen gibt, bezweifelt heute niemand mehr. „Psychohygiene" in diesem Sinne kann auch bedeuten, daß man in der relativen Ruhe einer Kur psychotherapeutische Unterstützung in Erwägung zieht. Vor allem bei der Schmerzbewältigung kann der Arzt manchmal solche therarpeutischen Maßnahmen gezielt empfehlen.

Man sollte sich bei seiner Krankenkasse erkundigen, welche Therapieformen bezahlt oder zumindest bezuschußt werden. Nicht alles ist gleichermaßen anerkannt.

Wie kann ich Überbelastung im Alltag vermeiden?

Der Osteoporose-Kranke ist im alltäglichen Leben häufig in seiner Bewegungsfreiheit eingeschränkt. Viele Aktivitäten bereiten ihm Schmerzen. Oft werden alltägliche Arbeiten so unglücklich erledigt, daß Knochen, Muskulatur und Sehnen unnötig belastet werden.

Für Gesunde wie Kranke gilt, daß das Erlernen knochenschonender Bewegungsabläufe das Skelett nachhaltig schont und zu einer stabilen Gesamtkonstitution beiträgt. Auch hier ist es wichtig, das gesamte Verhalten im Alltag „knochenschonend“ einzurichten oder konsequent zu ändern. Damit ist eine einfache Möglichkeit gegeben, wie jeder selbst dafür sorgen kann, daß seine Knochen geschützt werden.

Wie hebe ich richtig?

Schwere Lasten müssen verteilt, Gewichte sollten nicht „aus dem Kreuz“ gehoben werden.

Kein Untrainierter sollte sich von Gewichthebern oder anderen Kraftprotzen animieren lassen und Gewichte einfach „aus dem Kreuz“ heben. Nicht nur die Wirbelkörper sind dabei ungeheuren Belastungen ausgesetzt, sondern auch Ihre Bandscheiben. Das gilt für große Gewichte wie auch bereits für Getränkekästen oder schwere Einkaufstaschen.

Man darf das Gewicht nicht mit krummem Rücken und durchgedrücken Beinen vom Boden heben. Richtiger ist es, in die Knie zu gehen, die Last an den Körper zu ziehen und mit der Kraft aus den Beinen das Gewicht nach oben zu wuchten. Wenn schwere Einkaufstaschen getragen werden sollen, muß man auf eine gleichmäßige Verteilung der Last achten. Es ist also besser, zwei gleich schwere Taschen in je einer Hand zu tragen als eine schwere Tasche in einer Hand. Ein weiterer Tip: Recken und strecken Sie sich nach häufigem Tragen. So entspannen Sie die Muskulatur und dehnen den Körper.

falsches Tragen — richtiges Tragen

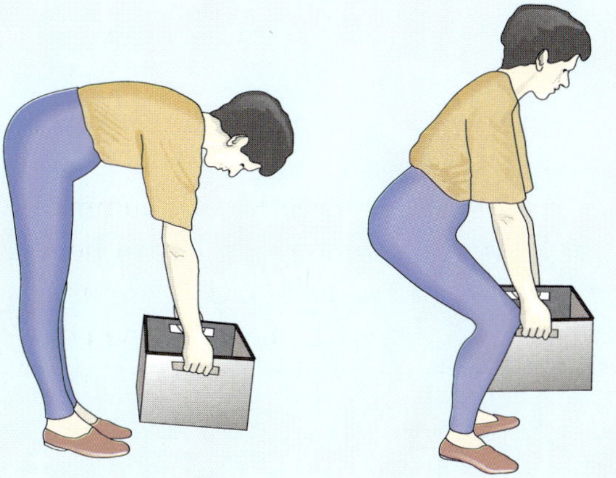

So heben Sie falsch! — So heben Sie richtig!

Wie sitze und liege ich richtig?

Achten Sie darauf, daß Ihr Stuhl richtiges Sitzen ermöglicht. Ändern Sie häufiger Ihre Sitzposition.

Viele Menschen sitzen heutzutage viel zuviel – sei es im Haushalt, auf der Arbeit oder in der Freizeit. Die Sitzmöbel sind oftmals völlig ungeeignet für knochengesundes Sitzen. Achten Sie deshalb unbedingt auf einen passenden Stuhl, der rückengerecht geformt ist. Sitzen Sie aufrecht, nicht krumm, und verändern Sie häufiger Ihre Sitzposition. Wenn Sie bereits unter Rückenschmerzen

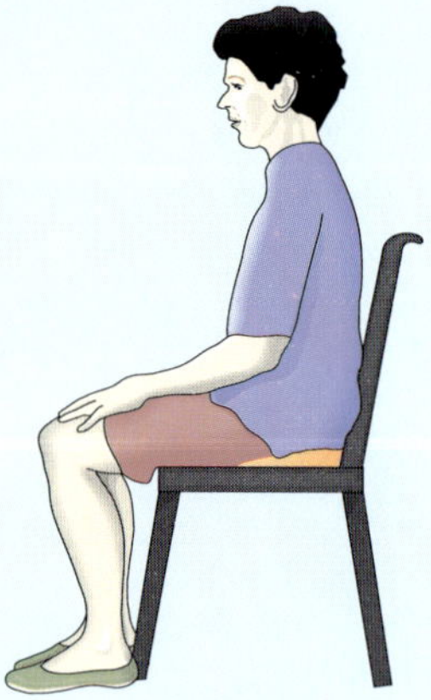

So sitzen Sie richtig. Ein Kissen hilft, das Becken zu stützen

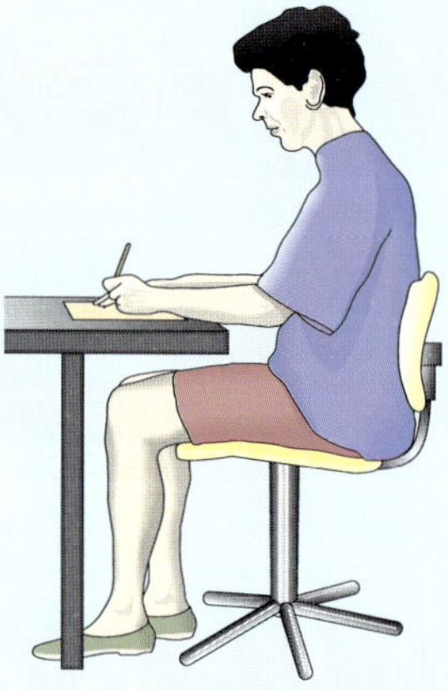

Das ist die richtige Sitzhaltung am Schreibtisch

Auch der Schreibtisch muß zur eigenen Körpergröße passen. Er darf nicht zu hoch und nicht zu niedrig sein, weil sonst der Rücken unnatürlich gekrümmt und angespannt werden muß.

leiden, können Keilkissen oder ganz spezielle Sitzmöbel zum Wohlbefinden beitragen. Stühle dürfen nicht zu weich sein. Sie müssen der Körpergröße angepaßt und sollten verstellbar sein. Damit sich der Rücken beim Schlafen richtig entspannen kann, braucht man die richtige Matratze. Durchgelegene Matratzen sind die Hölle für den Rücken, weil sie in der Mitte durchsacken! Matratzen gehören alle 8–10 Jahre ausgetauscht

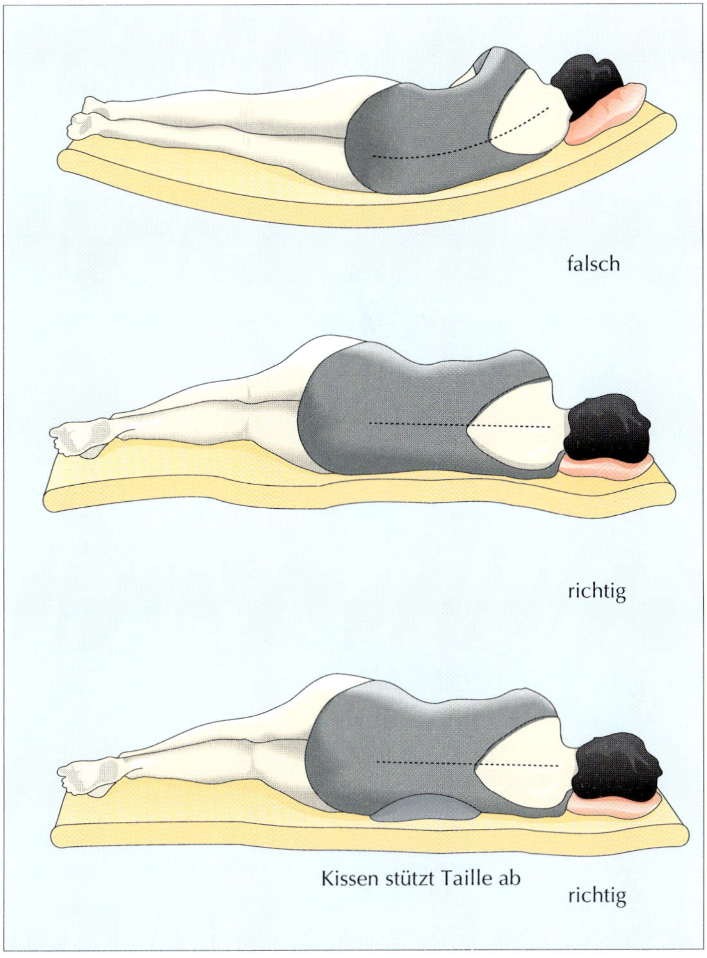

Auch die richtige Lage im Bett und die richtige Matratze tragen zur Schonung der Knochen bei.

Wie wichtig ist Ernährung?

Es ist eigentlich nicht richtig, wenn wir immer nur von Diät reden, wenn es um die richtige Ernährung geht. Weltweit gibt es rund 35 000 verschiedene Diätarten zur Gewichtsabnahme. Diät, das heißt oft wider eigene subjektive Bedürfnisse handeln zu müssen. Diät heißt aber auch eine zeitlich befristete Umstellung der Ernährung. Darum kann es aber nicht gehen. Vielmehr ist hier eine lebenslange Einhaltung bestimmter Essensnormen gemeint, eine auf Dauer angelegte Kostumstellung, eine Koständerung, von der man später gar nicht mehr merkt, daß sie mal als eine Diät gedacht war. Im Prinzip darf man alles essen, was dem Körper gut bekommt und je nach Kochkunst zu Hause oder auch auswärts schmeckt. Die Deutsche Gesellschaft für Ernährung, in der hervorragende Ernährungswissenschaftler tätig sind, gibt für die richtige Ernährung wichtige Hinweise. Sie lassen sich in einem Satz zusammenfassen: Die gesunde Ernährung ist eine vollwertige Kost mit altersentsprechend ausreichenden Mengen an Nährstoffen, Vitaminen, Mineralien und Spurenelementen. Wenn alternative Kostformen aus religiös-ethnischen oder ökonomisch-ökologischen Gründen bevorzugt werden, dann sollte man immer an diese einfache Grundregel des Kostaufbaus denken.

Kalzium ist grundsätzlich wichtig für die Behandlung von Knochenschwund.

Ein Labyrinth von Alternativkost hilft nicht weiter. Dagegen helfen aber folgende Überlegungen: Warum essen wir heute weniger Kartoffeln als früher, obwohl sie ein wichtiger Vitamin-C-Träger im Winter sind? Warum trinken wir weniger Milch, das ein wichtiger Träger von Kalzium, Eiweiß, Vitamin D und fettlöslichen Vitaminen ist? Warum essen wir dafür mehr Fleisch, Zucker, Fett und Eier – Nahrungsmittel, die relativ brennstoffreich, aber vitaminarm sind? „Leere Kalorien" füllen Bauch und Hirn, machen aber fett und träge.

Wie wichtig ist kalziumreiche Nahrung?

Zur Verhütung und Behandlung von Osteoporose benötigen wir kalziumreiche Kost. Hauptträger von Kalzium ist die Milch. Auch Gewürze, Gemüse und Obst enthalten dieses Mineral so reichlich, daß wir damit unseren Tagesbedarf von mindestens 800 bis maximal 1500 mg decken können.

Welche Gefahren birgt kalziumreiche Kost?

Nierenkranke dürfen kein Kalzium aufnehmen, weil dadurch die Nierensteinbildung gefördert werden kann.

Natürlich müssen auch die Nachteile kalziumreicher Kost bedacht werden. Nierenkranke müssen Kalzium meiden, weil es sich leicht mit der aus dem Stoffwechsel stammenden Oxalsäure zu unlöslichem Kalziumoxalat verbindet und dadurch die Nierensteinbildung fördert. Deshalb dürfen diese Kranke auch keine kalziumhaltigen Brunnenwässer trinken.

Oxalsäurehaltige Nahrungsmittel wie Spinat, Mangold, Paprika, Tomaten, Sojabohnen binden Kalzium, so daß es für den Körper unverwertbar ist.

Phosphathaltige Nahrung wie Fleisch oder sogenannte Softdrinks oder mit Phosphaten haltbar gemachte Nahrungskonserven erhöhen den Kalziumbedarf, weil sie als „Kalziumfänger" unlösliche Kalzium-Phosphat-Bindungen bilden, die ausgeschieden werden.

Besonders schlackenreiche Kost wie Kleie vermindert nicht nur die Aufnahme von Cholesterin über den Darm, sondern auch von Kalzium und Eisen.

Wer gern viel Milch trinkt, sollte den gleichzeitigen Verzehr von Obst und Gemüse mit reichlichem Gehalt an Fruchtsäuren meiden. Es könnte nämlich sein, daß sie das Milch-Kalzium unlöslich binden und der Körper das Produkt als weißliche Substanz mit dem Kot ausscheidet.

Man muß an dieser Stelle auch darauf hinweisen, daß Kalziumzufuhr für die Knochen nicht gleichbedeutend ist mit der Verkalkung der Gefäße.

Welche Genußmittel sind erlaubt?

Genußmittel gehören zum alltäglichen Leben. Über das richtige Maß an Alkohol, Nikotin, Koffein und Teein zu spekulieren ist weitgehend müßig. Es bleibt auf jeden Fall festzuhalten, daß Gifte, die der Körper aufnimmt, selbstverständlich schädlich sind.

Bei Knochenschwund sind vor allem das Rauchen, der Alkoholgenuß sowie übermäßiges Kaffee- und Teetrinken nachteilig.

Allein diese Genußmittel lösen sicherlich noch keine Osteoporose aus, können aber den Krankheitsverlauf negativ beeinflussen, ganz abgesehen von den übrigen gesundheitsschädigenden Auswirkungen auf den menschlichen Organismus.

Wie gefährlich ist Alkohol für den Organismus?

Übermäßiger Alkoholkonsum kann offensichtlich direkt die Knochenaufbauzellen negativ beeinflussen.

Alkoholismus gilt in Deutschland als die häufigste Suchtkrankheit. Die Deutsche Hauptstelle gegen die Suchtgefahren schätzt die Zahl der behandlungsbedürftigen Alkoholiker auf rund 2,5 Millionen. Hinzu kommt noch eine hohe Dunkelziffer.

Anfang der 90er Jahre war Deutschland übrigens mit einem jährlichen Pro-Kopf-Verbrauch reinen Alkohols von 12,1 Liter weltweit führend. 30% der Erwachsenen konsumieren täglich Alkohol.

Alkohol kann nahezu alle Organe im menschlichen Körper schädigen und Erkrankungen begünstigen. Das gilt auch für die Osteoporose.

Im Übermaß konsumiert kann Alkohol offensichtlich auch nicht nur die Leber, sondern auch die Knochenaufbauzellen, die Osteoblasten, schädigen. Außerdem wird durch Alkoholkonsum die Kalzium- und Vitamin-D-Aufnahme negativ beeinflußt. Das stört die Gesunderhaltung der Knochen.

Was bewirkt das Rauchen?

Nikotin ist Gift. Das wissen eigentlich alle, aber längst nicht jeder zieht daraus die Konsequenzen. Obwohl Rauchen in den meisten öffentlichen Einrichtungen und an vielen anderen Orten verboten ist, hat die Zigarettenindustrie immer noch einen gigantischen Umsatz. Anfang der 90er Jahre produzierte allein die deutsche Zigarettenindustrie pro Jahr etwa 200 Milliarden Glimmstengel.

Nikotin senkt bei Frauen den knochenschützenden Östrogenspiegel.

Fast 4000 Schadstoffe sind im Tabakrauch enthalten und können mannigfaltig den Organismus schädigen. Rauchen gilt als Hauptursache für den Lungenkrebs, kann weitere Krebsarten fördern und zahlreiche Erkrankungen begünstigen. Nach Schätzungen der Weltgesundheitsorganisation sterben jährlich 3 Millionen Menschen an den Folgen des Tabakkonsums.

Auch der Aufbau und die Gesunderhaltung der Knochen wird von Nikotin negativ beeinflußt. Nikotin senkt bei Frauen den knochenschützenden Östrogenspiegel. Außerdem beginnen bei Raucherinnen die Wechseljahre früher als bei anderen Frauen.

Wann wirken sich Kaffee und Tee schädlich aus?

Für die Genußmittel Kaffee und Tee gilt, wie für alle anderen Genußmittel auch, daß die Dosis über die Nachhaltigkeit von Schädigungen entscheidet. Gegen die eine oder andere Tasse Kaffee gibt es sicherlich keine Einwände. Da aber auch hier andere Organe in Mitleidenschaft gezogen werden können, ist der Rat des behandelnden Arztes im Zweifelsfall wichtig. Fragen Sie also Ihren Arzt, ob er Einwände gegen den Genuß von Kaffee oder Tee hat. Koffeein soll den Knochenstoffwechsel stören. Das heißt, daß die Menschen, die an Knochenschwund erkrankt sind, sicherlich nicht im Überfluß Kaffee trinken sollten.

Osteoporose-Kranke sollten nicht übermäßig viel Kaffee trinken.

Wie kann eine ausgewogene Ernährung aussehen?

Gesunde Ernährung ist nicht nur für den Knochenaufbau und die Gesunderhaltung der Knochen wichtig. Der gesamte menschliche Organismus profitiert von einer ausgewogenen Kost. Dabei ist es wichtig, nicht nur sporadisch und zeitlich befristet eine gesunde Auswahl an Speisen zu gewährleisten, sondern seinen täglichen Ernährungsfahrplan so auszurichten, daß der Körper die lebensnotwendigen Substanzen altersgerecht und in ausreichendem Maße erhält.

Wie kann ein Ernährungsplan aussehen?

Ein Ernährungsplan sollte auf Vollwertkost umgestellt werden.

Bei einer Umstellung der Ernährung muß eine vollwertige Kost auf Dauer das Ziel sein. Salate, Obst, Gemüse, Getreide und Kartoffeln sind die wichtigsten Bestandteile eines entsprechenden Fahrplans. Sie liefern die wichtigen Vitamine, enthalten Eiweiß, Proteine, Kalzium und decken in ausreichendem Maß den Tagesbedarf.

Ganz entscheidend ist die richtige Zusammenstellung der Speisen, da kein Lebensmittel alle körperwichtigen Bausteine enthält. Rohkost sollte auf jeden Fall zur täglichen Ernährung gehören, weil viele Gemüse beim Kochen ihre Vitamine verlieren können.

Wenn Sie Getreideprodukte bevorzugen, sollten Sie darauf achten, daß Vollkorn verwendet wird. Vollkornbrot oder Vollkornreis liefern weitaus mehr Ballaststoffe, Vitamine und Mineralstoffe als die übrigen Produkte. Milch- und Milchprodukte enthalten das wichtige Kalzium und sollten ebenfalls in den Ernährungsfahrplan eingebaut werden.

Welche Lebensmittel sind „entbehrlich"?

Fleisch und Wurstwaren müssen nicht unbedingt Bestandteil einer „knochengesunden" Ernährung sein.

Fleisch ist zwar ein hochwertiges Lebensmittel, das unter anderem Einweiß und zahlreiche Mineralstoffe, aber auch Fett und Cholesterin enthält. Grundsätzlich sollte daher gelten, daß nicht jeden Tag Fleisch auf dem Speiseplan stehen muß. Eine vegetarische Ernährung ist bei Osteoporose durchaus denkbar. Vielen Wurstwaren sind Nitrate und Phosphate zugesetzt, die sich negativ auf die Knochenbildung und die Erhaltung der Knochen auswirken können.

Nicht jeden Tag muß Fleisch auf der Speisekarte stehen.

Sparsam sollte man auf jeden Fall Süßigkeiten, Zukker, Fertiggerichte und Konserven in der Küche verwenden. Sie enthalten relativ wenig Bausteine, die für den Organismus von ausschlaggebender Bedeutung sind. Ganz im Gegenteil sind diese Lebensmittel häufig kalorienreich, enthalten aber wenig Vitamine und Mineralstoffe. So können sie zum Beispiel auch zum Übergewicht beitragen.

Übergewicht als Folge von falscher Ernährung kann das Knochensystem vielfältig schädigen. Es „belastet“ den Körper im wahrsten Sinne des Wortes.

Welche Getränke sind empfehlenswert?

Flüssigkeit ist wichtig für den menschlichen Organismus. Gerade ältere Menschen neigen aber dazu, zuwenig zu trinken. Das ist falsch und sollte umgestellt werden. Bis zu 3 Liter täglich (!) kann ein erwachsener Mensch an Flüssigkeit benötigen.

Mineralwasser, Früchte- und Kräutertees, Obst- und Gemüsesäfte sind als Getränke empfehlenswert.

Rund die Hälfte dieser Menge nimmt er bereits mit der festen Nahrung auf. Der Rest sollte am besten in Form von Mineralwasser, Früchte- und Kräutertees, Obst- und Gemüsesäften zugeführt werden.

Viele Limonaden hingegen enthalten zuviel Zucker, so daß sie nicht zu empfehlen sind. Über die Bedeutung von Milch für den menschlichen Organismus wurde bereits an anderer Stelle etwas gesagt.

Welche Rezepte stärken die Knochen?

An dieser Stelle können nur einige Beispiele für die gesunde Ernährung genannt werden. Sie sind natürlich nicht mehr als eine Anregung. Die richtige Mischung bleibt jedem selbst überlassen. Auch hier wird der behandelnde Arzt mit Rat und Tat zur Seite stehen und im Dialog mit dem Patienten einen ausgewogenen, individuellen Speiseplan entwickeln können.

Darüber hinaus stehen Ernährungswissenschaftler mit einem breiten Wissen über das Für und Wider der Lebensmittel als Ansprechpartner zur Verfügung. Grundsätzlich gilt, daß mehrere kleine Mahlzeiten am Tage besser sind als wenige, allzu üppige Portionen.

Was gibt's zum Frühstück?

Am Morgen ist es wichtig, leicht und gesund in den Tag zu starten.

Das Frühstück sollte leicht sein. Eine Quarkspeise (Magerquark) zum Beispiel mit Obst (Apfel, Beeren, Mandarinen), Honig, Vollkornhaferflocken und Nüssen enthält wichtige Bausteine für den Organismus, belastet den Körper nicht und gibt Energie für den Tag. Auch ein Früchtemüsli liefert die Nährwerte, die am frühen Morgen erforderlich sind.

Selbstverständlich braucht niemand, der sich „knochengesund" ernähren will, auf seinen Toast oder die Scheibe Brot zum Frühstück zu verzichten.

Etwas Phantasie und Mut sind gefragt, um den Speiseplan interessant und gesund zu gestalten. Probieren Sie zum Beispiel einmal einen Obst-Camembert-Toast. Der Toast kann mit Diätmargarine bestrichen, mit Obstscheiben und Camembertstreifen belegt und im Ofen gratiniert werden, bis der Käse schmilzt.

Auch Vollkorn- oder Knäckebrot mit Emmentaler, dazu ein Glas Obstsaft bescheren Ihnen einen leichten und gesunden Start in den Tag.

Welche Zwischenmahlzeiten sind gesund?

Rohkost und Salate bieten sich für einen Snack zwischendurch an. Sie lassen sich schnell zubereiten, sind gesund und können individuell zusammengestellt werden. Gehobelter Rettich und Apfel mit einer fettarmen Joghurtsauce stillen den Hunger und liefern wichtige Nährwerte. Salate mit Pilzen oder Früchten, Kaltschalen oder eine Brunnenkressesuppe können ebenfalls als Zwischenmahlzeit dienen.

Rohkost und Salate sind ideal für eine Zwischenmahlzeit. Die Hauptmahlzeit sollte wenig Fett und Salz enthalten.

Nicht empfehlenswert sind die immer beliebter werdenden Schoko-Riegel, die in der Werbung als optimaler Pausensnack angepriesen werden. In aller Regel sind sie viel zu süß und belasten den Organismus.

Was ist die richtige Hauptmahlzeit?

Der Phantasie sind nahezu keine Grenzen gesetzt, wenn es um die Zubereitung der „knochengesunden" Hauptmahlzeit geht. Viele Diät- und Kochbücher enthalten eine Menge guter Rezepte, die je nach Lust, Laune und Kochkünsten genutzt werden können. Das Beste für die Erhaltung der Knochen kann man leisten, wenn man sich immer daran erinnert, daß die Mahlzeit wenig Fett und Salz enthalten soll. Fleisch und scharf gebratene Lebensmittel sollten nur in geringem Maße eingesetzt werden. Außerdem muß die Mahlzeit ausreichend Ballaststoffe enthalten. Wichtig bleibt, daß die Ernährung auf keinen Fall einseitig, sondern abwechslungsreich und dem Alter angepaßt sein sollte.

Als Hauptgerichte können Sie zum Beispiel gefüllte Tomaten, eine Gemüse-Reis-Pfanne, einen Gemüse-Hirse-Auflauf oder auch einen Nudelauflauf zubereiten. Hauptgerichte mit Sojaprodukten liefern ebenfalls in ausreichendem Maße die Bausteine für die Gesunderhaltung des Körpers und selbstverständlich in besonderem Maße der Knochen.

Anhang

Schon das Wort Osteoporose ist ein Fachbegriff, der allerdings für viele Knochenschwund-Kranke und natürlich den Mediziner zum alltäglichen Wortschatz gehört. Einige andere Begriffe, die immer wieder im Zusammenhang mit Osteoporose auftauchen, sind längst nicht so bekannt. Die wichtigsten von ihnen werden im folgenden kurz erläutert.

Wenn Sie weitere Informationen zu speziellen Problemen bei Osteoporose brauchen, können Sie sich an eine der hier genannten Adressen wenden.

Ein Sachwortregister erleichtert Ihnen das Auffinden bestimmter Begriffe.

Was bedeutet was?

Akupunktur: Eine der ältesten Methoden zur Erkennung und Heilung von Erkrankungen. In der klassischen Akupunktur werden Nadeln an der Hautstelle, die einem bestimmten Organ zugeordnet werden kann, in die Haut gestochen.

Androgene: Sammelbegriff für männliche Sexualhormone, die im Hoden produziert werden.

Antazidum: Ein Mittel gegen Übersäuerung bei Magenschleimhautentzündung.

Balneotherapie: Behandlung mit Wasser aus natürlichen Heilquellen. Auch Trinkkuren und Inhalationen gehören zu dieser Therapieform.

Biophosphonate: Neue Substanzen, die die Osteoporose-Behandlung unterstützen können. Studien zeigen, daß mit ihrer Hilfe die Knochenmasse vergrößert werden kann. Biophosphonate sind neu auf dem Markt und werden sowohl bei primärer als auch bei sekundärer Osteoporose eingesetzt.

Endokrinologie: Lehre von der Funktion endokriner, also im Inneren wirkender Drüsen und der Hormone.

Ergotherapie: Bezeichnung für Beschäftigungs- und Arbeitstherapie. Der Therapeut übt mit dem Patienten Dinge des alltäglichen Lebens und trainiert mit ihm.

Gastritis: Die Magenschleimhautentzündung kommt in verschiedenen Formen vor. In harmlosen Fällen genügt oftmals eine kurze Hungerdiät. Aus der akuten Form kann sich aber auch ein chronisches Leiden entwickeln.

Gestagene: Diese weiblichen Sexualhormone werden vor allem in den Eierstöcken und im Mutterkuchen in kleineren Mengen in den Nebennieren gebildet. Sie werden zur Empfängnisverhütung eingesetzt.

Heilanästhesie: Bestandteil der Naturheilkunde.

Hormone: Diese körpereigenen Wirkstoffe steuern zusammen mit dem Nervensystem Vorgänge des Stoffwechsels. Hormone werden meist von Drüsen gebildet. Hormone gelangen über den Blutkreislauf an ihre Wirkungsstätte. Sie sind sogenannte Botenstoffe, die Zellen zu ganz bestimmten Tätigkeiten anregen.

Hydrotherapie: Übergreifende Bezeichnung für alle ärztlichen Behandlungsmethoden, die mit der äußeren Anwendung von Wasser arbeiten (Kneippkuren etc.).

Hypophyse: Die Hirnanhangsdrüse ist eine Hormondrüse bei Wirbeltieren. Sie hängt an der Basis des Zwischenhirns.

Idiopathische Osteoporose: Diese Form des Knochenschwundes tritt ohne erkennbare Zusammenhänge auf.

Kalzitonin: Stoff (Polypeptid), der von der Schilddrüse produziert wird und Einfluß auf den Kalzium- und Phosphatspiegel des Blutes hat. Er verhindert den Knochenabbau.

Kalzium: Wichtigster Mineralbestandteil des Knochens. Das chemische Element kommt in vielfältiger Form und ungeheuren Mengen in der Natur vor. Der Grundbaustein des Lebens trägt dazu bei, daß die Knochen härten. Er ist für die Blutgerinnung, die Nerven- und Muskelerregung sowie die Muskelkontraktion zuständig. Knochen sind die Kalziumspeicher des Menschen.

Katecholöstrogen: Schwach wirksame Form des weiblichen Geschlechtshormons.

Kernspintomographie: Ein mit Hochfrequenzstrahlen arbeitendes medizinisches Untersuchungsverfahren.

Klimakterium: Medizinischer Fachausdruck für die Wechseljahre der Frau. Es wird unterschieden in die Zeit vor der sogenannten Menopause, dem Jahr nach dem Ausbleiben der letzten Regelblutung, der Prämenopause und der Postmenopause, die mehrere Jahre nach dem Ende der Monatsblutungen umfaßt.

Knochenbiopsie: Bei der Knochenentnahme wird eine Gewebeprobe zu Untersuchungszwecken aus dem Knochen entfernt. Damit kann vor allem die Struktur des Knocheninneren bewertet werden.

Knochenhistologie: Lehre vom Aufbau der Knochen.

Knochenmatrix: Substanz des Knochens, die zwischen den Zellen liegt.

Knochenmodellierung: Anpassung der Knochenform- und -größe an den Wachstumsstand des gesamten Körpers.

Kollagenfibrillen: Eiweißfasern, die den organischen Knochenanteil ausmachen. Sie kommen überall im Körper als Teil des Stütz- und Bindegewebes vor. Für die Bildung dieser Fasern ist Vitamin C unentbehrlich.

Kompakta: Bezeichnung für die Knochenaußenschicht. Sie gibt dem Knochen ausreichende Festigkeit und notwendige Elastizität.

Kortikoid: Hormon der Nebennierenrinde. Ausgangssubstanz ist Cholesterin.

Lakune: Knocheneinbuchtung bzw. -hohlraum. Die Osteoklasten (Knochenabbauzellen) bilden diese schüsselähnliche Delle, die von den Osteoblasten (Knochenaufbauzellen) wieder gefüllt wird.

Magnetresonanztomographie: Aufwendiges Meßverfahren zur genaueren Bestimmung der Knochendichte.

Makrophagen: Einkernige Riesenzellen, die zusammen mit den Monozyten und unter Einfluß bestimmter Eiweißstoffe zu Knochenfreßzellen werden.

Menopause: Gibt den zwölfmonatigen Zeitraum nach der letzten Regelblutung der Frau an.

Monozyten: Einkernige Riesenzellen, die zusammen mit den Makrophagen und unter Einfluß bestimmter Eiweißstoffe zu Knochenfreßzellen werden.

Morbus Paget: Spezielle Form der Knochenkrankheit.

Östrogene: Die weiblichen Geschlechtshormone werden von den hormonbildenden Zellen der Eierstöcke produziert. Die Eierstöcke wiederum werden von der Hirnanhangsdrüse gesteuert. Östrogene sind u.a. für die Ausbildung der sekundären weiblichen Geschlechtsorgane (Schambehaarung etc.) zuständig.

Osteoblasten: Bezeichnung für die knochenaufbauenden Zellen. Sie bilden die Knochensubstanz und „reparieren" Risse und Löcher im Knochen.

Osteoklasten: Bezeichnung für die knochenabbauenden Zellen. Sie lösen Knochen heraus und schaffen so Platz für neue Knochensubstanz.

Osteone: Knochenzylinder, die einen gefäßführenden Kanal umgeben und insgesamt das Knochengewebe bilden.

Osteoporose: Knochenschwund. Die Substanz des Knochens vermindert sich im Vergleich zur alters- und geschlechtsspezifischen Norm. Gefahr von Knochenbrüchigkeit droht!

Osteozyten: Knochenaufbauende Zellen, die sich – im wahrsten Sinn des Wortes – selbst eingemauert haben und dann Knochenzellen heißen. Sie tragen dazu bei, daß das Kalzium-Gleichgewicht im Körper aufrechterhalten wird.

Ovarien: Die Eierstöcke der Frau produzieren auch Hormone, die stark die Gesundheit und Stimmungslage beeinflussen.

Parathormon: Hormon der Nebenschilddrüse, das die knochenabbauenden Zellen, die Osteoklasten, zur schnellen Arbeit anregt und den Blutkalziumspiegel konstant hält.

Periost: Bindegewebshaut, die Knochen, Gelenke und Knorpel umschließt. Sie ist mit vielen Nerven, Blut- und Lymphgefäßen ausgestattet, die die Knochensubstanz ernähren. Bei einer Prellung schmerzt nicht der Knochen, sondern die ihn umgebende Haut.

Phosphor: Substanz, die an fast allen Stoffwechselprozessen beteiligt ist; wichtiger Bestandteil des gesamten Körpers, vor allem des Knochens.

Postmenopausale Osteoporose: Primäre Osteoporose. Der wohl häufigste Typ des Knochenschwundes kann nach Ausbleiben der Monatsblutung, also in und nach den Wechseljahren auftreten.

Prostata: Vorsteherdrüse, die aus mehreren Einzeldrüsen, Muskelfasern und Bindegewebe besteht.

Senile Osteoporose: Knochenschwund, der im Alter auftritt.

Somatotropes Hormon: Greift direkt in den Stoffwechsel ein und fördert das Wachstum.

Spongiosa: Schwammartiges Innere des Knochens, gebildet vom Trabekel- und Hohlraumsystem.

Testosteron: Wichtigstes männliches Sexualhormon, das im Hodengewebe gebildet wird.

Thiazide/Thiazid-Diuretika: Substanzen, die die Kalziumausscheidung vermindern. Sie werden in aller Regel nur in Ausnahmefällen verordnet.

Thrombose: Entstehung eines Blutgerinnsels in der Blutbahn.

Toxisch: Giftig.

Trabekel: Inneres dreidimensionales Gerüst im Knochen. Es besteht aus feinen Knochenbälkchen und einem Hohlraumsystem, das durch die Gerüststruktur gebildet wird. Trabekel- und Hohlraumsystem sehen aus wie ein knöcherner Schwamm.

Transdermal: Durch die Haut verabreicht; zum Beispiel ein Medikament mit Hilfe eines Pflasters.

Wo finde ich weitere Hilfe?

Bundesselbsthilfeverband für Osteoporose e. V.
Kirchfeldstraße 149
40215 Düsseldorf
Tel. 02 11/31 91 65

Bundesverband Deutsche Schmerzhilfe e. V.
Woldsenweg 3
20249 Hamburg
Tel. 0 40/45 56 46
Fax: 0 40/4 60 17 19

Deutsche Gesellschaft für Osteogenesis imperfecta (Glasknochen) Betroffene e. V.
Postfach 15 46
63155 Mühlheim
Tel. 0 61 08/7 63 34
Fax: 0 61 08/6 92 76

Deutsche Rheuma-Liga e. V.
Rheinallee 69
53173 Bonn
Tel. 02 28/95 75 00
Fax: 02 28/9 57 50 20

Deutscher Verband für Gesundheitssport und Sporttherapie DVGS e. V.
Vogelsanger Weg 48
50354 Hürth-Efferen
Tel. 0 22 33/6 50 17
Fax: 0 22 33/6 45 61

Forschungs- und Informationsgesellschaft zur Förderung der Vital-Therapie e. V. Deutsche Osteoporose Hilfe
Wismarer Straße 6
30625 Hannover
Tel. 05 11/55 83 42

Kuratorium Knochengesundheit e. V.
Leipziger Straße 6
74889 Sinsheim
Tel. 0 72 61/9 21 70
Fax: 0 72 61/6 46 59

Sachregister

Akupunktur *85*
Alkohol *44, 45, 112*
Altersosteoporose *27, 28*
Androgene *58, 67*
Antibiotika *21*
Antiöstrogene *58*
Arterienverkalkung (Arteriosklerose) *112*
Astronauten *41, 94*

Bälkchen-Knochen → Spongiosa-Knochen
Bandscheibenvorfall *47*
Bewegung *34, 94–101*
Blutgerinnsel *53*

Cholesterin *115*
Computertomographie *49*

Eiweiß *111, 114*
Eiweißfasern *13*
Eiweißstoff IGF-1 *70*
Elektrotherapie *84*
Enditronsäure *82*
Endokrinologie *36*
Ergotherapie *84*
Ernährung *34, 94, 95, 110–117*

Fettembolie *52*
Fibrillen *17*
Fluor *58, 64, 65*

Generallamellen *17*
Geschlechtshormone *58, 66*

Heben *106, 107*
Hirnanhangsdrüse *21*
Hormone *36, 37*
Hydrotherapie *104*
Hypnose *85*

Idiopathische Osteoporose *28*
Inkas *75*

Kaffee *45, 113*
Kälbermilzstoffe *74*
Kalium *48, 83*
Kalzitonin *38, 58, 80–82*
Kalzium *11, 12, 13, 15, 34, 39, 48, 58, 60, 61, 83, 111, 114*
Kneippgüsse *53*
Kneippkuren *104*
Knochendichte *51*
Knochenmark *14, 17*
Knochenmatrix *13, 18*
Kollagenfibrillen → Eiweißfasern
Kompakta *17*
Körpergewicht *72*
Kortison *21*

Lakune *19, 22*
Leukämie *51*
Liegen *109*
Lungenembolie *53*
Lungenentzündung *53*

Magersucht *72*
Magnesium *13, 48, 83*
Magnetresonanztomographie (MR-Mikroskopie) *49, 50*
Makrophagen *21*
Massagen *102*
Mayas *75*
Medikamente *58, 76, 86–91*
Menstruation *35*
Mineralien *110*
Mineralstoffe *115*
Monozyten *21*

Natriumfluorid → Fluor
Neuraltherapie *85*
Nikotin *44, 45, 113*
Nitrate *115*

Ordnungstherapie *105*
Osteoblasten *18, 19, 26*
Osteoklasten *19, 26, 27*

Osteonen *17, 18*
Osteozyten *19*
Östrogene *36, 58, 66, 68–73*
Östrogenpflaster *68*

Parathormon *21, 43*
Pflanzenheilkunde *105*
Phosphat *62, 63, 115*
Phosphor *12, 13, 62*
Phytotherapie → Pflanzenheilkunde
postmenopausale Osteoporose *26, 28, 57*
primäre Osteoporose *28, 56*
Proteine *114*

Qi-Gong *84*

Röntgenstrahlen *48, 49*
Rückenbuckel (Rundrücken, Witwen-, Hexenbuckel) *31, 32*
Rückenschmerzen 46, 56

Salben *103*
Schilddrüse *42, 43*
sekundäre Osteoporose *28, 56*
senile Osteoporose → Altersosteoporose
Sitzen *108*
Spongiosa *14*
Spongiosa-Knochen *46, 52*
Spurenelemente 110

Tai-Chi *84*
Tamoxifen *76, 77*
Tee *45, 113*
Testosteron *27, 37*
Thrombose → Blutgerinnsel
Trabekel *14*
Tragen *107*
Trinkwasser *65*

Ultraschallmessung *51*

Vitamine *13, 20, 58, 78, 79, 110, 111, 114, 115*

Wachstumshormon STH *70*
Wärmeanwendungen *84*
Wasser *104*
Wassertabletten *83*
Wechseljahre *26*